# 極鮮

# 蝦料理圖鑑

# 讓我安身立命的蝦味人生

　　大學畢業後的你，要做什麼？至少我從來沒想過要回家工作。和父母吵架、沒有自由、無法掌握自己的工作等經常耳聞的風險事故，讓我又驚又怕，2013 年心理系畢業，到處兜兜轉轉兩年，最後還是回到故鄉高雄安身立命。從一開始準備抓蝦的恐懼，到現在可以大把大把地抓蝦給客人；也記得自己剝蝦仁剝到沒有指紋過不了海關；更清楚知道中 秋節時沒有時間吃飯結果送急診的不舒服。和父母一同工作的過程中，我看 見他們對專業的堅持，20 年來只做好一件事的毅力。

　　截至目前，回家工作的這 8 個年頭裡，越發覺得台灣的農林漁牧業都在國際市場上具有高品質的競爭力，其原因歸功於台灣頂尖技術團隊產官學的多方面支持，走訪一趟泰國蝦大宗國「泰國」也會發現，台灣自產的泰國蝦，在色澤、鮮度、與口感都是國外進口無法比擬的。因此，這樣好的食材，我也希望可以透過我們的力量、透過本書，告訴世界、告訴國人，我們本土在地的泰國蝦之美，而段泰國蝦的願景則是希望讓大家「吃蝦只要享受」。

我所經營的泰國蝦品牌，希望大家「吃蝦只要享受」！

　　台灣人愛吃海鮮排行世界第三名，其中又以蝦最為大宗，根據統計，台灣人一年可以吃掉價值 36 億 5 千萬的蝦，大家這麼愛吃蝦，但是，知道這些蝦子是哪裡來的嗎？他們又從何而來？你該如何選擇或是料理？

　　因此，如同段泰國蝦的願景一樣，我們不只是在蝦子上的品質做把關，更致力於吃蝦前開始的服務到吃蝦之後，甚至希望未來我們可以做為全方位

為客戶服務的品牌。所以這本食譜書就是想要為愛吃蝦、愛料理的朋友們提供關於蝦子的知識、用法,讓大家在「蝦」這個的食材使用上能夠更進一步,希望關於蝦的疑難雜症都可以在這本書上被解答到。

　　最後,想感謝的人非常多,首先要感謝的一定是我的出版社「台灣廣廈」,在簽約後的四年仍舊協助我出版這個台灣第一本也是目前唯一的一本全書蝦的 食譜料理書,謝謝台灣廣廈編輯與公司的信任與支持。

　　除了此外也感謝協助完成本書的食譜攝影師「小孫」及人像拍攝攝影師「Peter」,因為有他們專業的拍攝技術,才能成就這本書的精彩呈現;也感謝在這本書上有幫助過蝦公主的所有朋友,有大家一點一滴的協助,才有機會促成這本書的產出;最後當然要感謝我的公司「段泰國蝦」的所有同事以及我的家人們,感謝大家的支持 與專業能夠全力的支援這本書的內容,讓看書的你獲得有用的知識與體驗。

人像攝影／Peter

每一張精美的成品照,才能成就這本精彩的料理書
食譜攝影／小孫

# 目次 Contents

# PART 03 把餐廳美味帶回家！在家也能做經典蝦料理

# PART 04 大人小孩都愛的好滋味！
## 家常蝦料理

# PART 05 賣蝦人家的
老饕私房蝦料

PART 01

喜歡吃蝦的你
更要懂得挑好蝦！

<table>
<tr><td>Choose<br>Shrimp</td><td># 不要瞎買！這樣挑蝦，<br>保證新鮮又好吃！</td></tr>
</table>

台灣人愛吃蝦子，據統計一年可以狂吃 12000 噸，然而，你知道自己吃的蝦是怎麼來的嗎？目前台灣養殖蝦的品種有泰國蝦、白蝦、草蝦、斑節蝦等，其中又以泰國蝦及白蝦最為產量的大宗；草蝦則在 1990 年，因大量死亡案件導致產量銳減；斑節蝦亦為少數；其餘蝦款舉凡天使紅蝦、藍鑽蝦、牡丹蝦等，大多為貨櫃進口來台。因此，想要吃到新鮮蝦子，在地養殖的泰國蝦和白蝦才是首選。

## 賣蝦人才知道，挑選好蝦 3 大分辨法

大家買蝦子大多習慣在市場或漁港購買活蝦，但特別要注意的是，蝦子屬於甲殼類，因為蛋白質含量高，鮮度流失速度比魚類更快，造成腐敗質變細菌孳生的速度更快。所以挑選時，可透過簡單的「色澤、觸感、味道」三部分來判斷，輕鬆挑到新鮮好蝦，避免食用冰過且蝦殼泛白的死蝦。

蝦鬚長、不斷裂
代表活動力長

蝦頭和蝦身緊密
連接、不脫離

蝦身色澤明亮呈
藍綠半透明色

色澤 ｜ 首先用眼睛看，觀察蝦子外觀與色澤，除了旺盛活動力，蝦體明亮呈現淺藍綠色半透明狀，蝦鬚長。若蝦體呈現白色無光澤，則代表蝦子已經死亡幾天。

觸感 ｜ 再來用手輕摸，新鮮蝦殼觸感滑溜但沒有黏液，輕輕捏一下蝦身，堅挺有彈性。

味道 ｜ 最後用鼻子聞聞看，有淡淡蝦腥為正常現象，但不能有腐臭異味或化學藥劑氣味。

 **蝦蝦隨堂考**

Q　圖中的兩隻蝦子，猜猜哪個是活蝦、哪個是死蝦？

A　左邊為活蝦（透明感），右邊為死蝦（乳白色）。

辨別蝦子新鮮度的方法要看蝦殼否呈現乳白色，若是透明感的是活蝦，反之則是死蝦喔。此外，若有些蝦殼的顏色比較淺原因大部分是：①剛換殼②養殖環境的不同③比較強壯的蝦子會隨水的溫度變色。

## 選擇「活凍蝦」更保鮮

　　想要購買新鮮活體的泰國蝦其實並不困難，常見的菜市場、釣蝦場都有販售。不過，要注意有少數業者，為了販售「新鮮活跳跳」的蝦子，從產地運送到菜市場或釣蝦場時，很可能因為運輸時的碰撞受傷、或是氣溫太高會影響蝦子的壽命和賣相。

　　現今宅配保鮮技術日漸成熟，想要品嘗新鮮又無毒的泰國蝦，我更建議可以選擇信任的網路賣家購買「活凍蝦」——這是當日捕捉的活蝦直接冷凍，非死蝦冷凍，全程採冷凍宅配，新鮮直送。此外，應盡可能挑選附「檢驗報告」SGS 藥檢通過、標示清楚的蝦種及尺寸等資訊揭露才可安心食用。

請大家慎選附有檢驗報告的廠商，才能食得更安心。

# 一起來認識，
# 我們餐桌上常見的蝦子種類

　　在台灣常見的蝦種很多，像是白蝦、草蝦或明蝦，除了泰國蝦的特徵比較明顯之外，其實很多人都分辨不出來喔。現在就要帶著大家認識市場及餐廳常見的蝦子們，了解不同品種的特徵和最適合的料理方式，下次要煮蝦料理前就能找到自己喜歡的鮮蝦美味。

## 市場常見蝦種類

### 1. 草蝦 Giant tiger prawn

**特徵**｜草草蝦曾在台灣佔有一席之地，也讓台灣曾
被譽為「草蝦王國」。草蝦屬於大型蝦類長
度約為 10 至 15 公分，生鮮蝦體的顏色偏
墨綠色至灰褐色，尾部具黃棕色及黑褐色橫
紋。草蝦本以野生 撈捕為主，在 1980 年代
台灣開發出草蝦養殖技術，讓台灣在當時成
為草蝦蝦苗 與食用規格養殖蝦的生產國。

**肉質**｜由於草蝦蝦肉口感緊實，較常見的料理方式有茄汁蝦、鐵板煎蝦或
燒燴，加上體型大所以賣相佳，是喜慶宴客料理中很受歡迎的蝦種。

### 2. 白蝦 White shrimp

**特徵**｜白蝦是台灣目前養殖蝦類的最大宗，大約 超
過 15 年的歷史，一年四季都可生產，目前，
分有全海水、半淡水及淡水養殖方式，其蝦
子的滋味、樣貌、品質與價格也有不同。除
此之外，市面上亦有來自東南亞、南美洲進
口之白蝦，因養殖成本較低，多被餐廳所使
用。

**肉質**｜海水養殖的白蝦，生鮮蝦體偏綠色半透明、外表有墨綠色針點、肌
肉紋理透明，若為海水養殖的白蝦，煮熟後顏色較淡水養殖的白蝦

較為鮮紅，風味也較為鮮甜，但口感同樣細緻，適合用於各類的烹飪方式，如醉蝦、汆燙蝦、鳳梨 蝦球等。

### 3. 斑節蝦（明蝦）kuruma shrimp

**特徵**｜斑節蝦跟草蝦都屬於體型大的蝦類，有些餐廳會統一把體型大的都叫「明蝦」，但其實真正的明蝦是指野生海撈或體型在 40 克以上的斑節蝦，坊間也有人稱牠為雷公蝦、九節蝦或竹節蝦。目前台灣市場所見，以野生捕撈居多，人工養殖次之；盛產於中秋節後，身形肥大且長，主要特色是從頭胸到腹部都有褐色橫紋分布，尾扇開展則可見到如彩虹般的鮮豔色澤。

**肉質**｜由於蝦肉飽滿多汁，吃起來過癮，因此在料理上無論是中式、日式或是西式料理，都非常受歡迎，可說是蝦類中的明星。

### 4. 泰國蝦 giant river shrimp

**特徵**｜學名為羅氏沼蝦或稱淡水長臂大蝦，生蝦的蝦身為清透的藍綠色，腹節有橘色斑紋，最明顯特徵就是有一對 長而深藍的第二步足，是淡水蝦中體型較大 者，肉質肥厚結實，也是目前除了龍蝦之外，世界上唯二的環狀肉身蝦。

**肉質**｜台灣以人工養殖的方式量產，公蝦跟母蝦的體型有明顯落差，因此價格也不同，適合直接抹鹽再炭烤的方式料理。此外，本書收錄許多適合泰國蝦的中西式料理，大家可以多嘗試烹煮。

### 5. 火燒蝦 whiskered velvet shrimp

**特徵**｜火燒蝦學名為鬚赤蝦，澎湖人稱「狗蝦」或香港人稱之為「赤米蝦」日本人則稱之為「海老」。僅能以野生方式來捕獲，常見體型落在 5 ～ 10 公分左右，因生蝦身上有不規則的淡紫 紅色、大紅色的斑紋，煮熟後蝦肉的紅色更 鮮豔，好似被火紋身故此得名。台灣沿 岸雖均有產，但又以宜蘭、澎湖至高雄、東 港海域較多，清明節前後為盛產期。

**肉質**｜火燒蝦體型不大，但因生活在深海中，因此簡單川燙就很有味道，

故在許多台南小吃中,常見火燒蝦的身影,如蝦仁肉圓、蝦仁飯、蝦捲或蝦餅,等。除了新鮮煮食外,也可人工剝殼、去蝦腸 後,再以日光照曬,製成蝦乾做蝦乾粥、蝦乾炒絲瓜,或是簡單與辣椒蒜末拌炒,製成火燒蝦哆等獨特風味的菜餚。

## 餐廳常見蝦種類

### 6. 天使紅蝦 Argentine red shrimp

**特徵** | 阿根廷紅蝦又稱為天使紅蝦,身體呈鮮紅色或橙色。有世界八大蝦之美名,由於生長在南極海域的冷水區,溫度低又成長緩慢。

**肉質** | 天使紅蝦亦為軟身蝦,生食吃來軟甜;烹煮後因野生捕撈滋味甜,體型比養殖的草蝦還要 大,適宜油炸、燒烤,是餐廳、燒肉店常用的食材之一。

### 7. 牡丹蝦 spot shrimp

**特徵** | 牡丹蝦富含蝦紅素,故活蝦色鮮紅飽滿,隨不同種類具有條紋或斑點形式,無法人工養殖,只能生存在深海地區,類似天使紅蝦,隨不同海域的捕撈,在形態上亦有些許的差異。

**肉質** | 多為日本料理中的高檔食材,除直接生食外,還可分別將頭胸 部、蝦腳、肉質與殼甲分開,蝦頭具有豐沛的蝦膏,也將頭胸部塞入白飯烘烤或煮湯,讓蝦膏增添湯品的鮮味,蝦肉則生鮮品嚐,一蝦多吃。

### 8. 胭脂蝦 Hokkai shrimp

**特徵** | 台灣胭脂蝦分布於宜蘭及龜山 島海域,據悉,胭脂蝦生長於深海 500 下,為抵抗水壓,口感扎實,也因水域寒冷,成長速度相對緩慢,故不容易捕撈到較為大隻的胭脂蝦,許多餐廳則將此蝦視為內行饕客需排隊預訂的隱藏食材。甜度風味佳,蝦身可生食。

**肉質** | 蝦肉甜度風味佳,蝦身可生食,蝦頭可以熬煮成湯品。

# 泰國蝦不是頭大身小<br>只是五五身！

Fresh<br>Shrimp

「哦～就是那個頭很大的蝦！」這是常見的反應，如果泰國蝦會講話，我猜他第一句話應該是在澄清自己的身材有多好：「別再誤會我了！我不是頭大身小，我是五五身！」

坊間常說泰國蝦「呷謀罵（吃不到肉）」，也常會遇到客人打電話來訂蝦的時候特別強調：「我不要頭很大的那種哦！」那到底為什麼會有這樣的刻板印象呢？

實際上，確實有些泰國蝦是頭大身小，從正面看下去，會發現牠的身體很瘦、很細，這種蝦子其實是「種公」，我們都戲稱他是「縱慾過度」，導致牠的肉率不高，就像是一顆貢丸插在竹竿上。以我們在挑選蝦子的標準來說，即便蝦子的身長有特大公蝦的標準，但是因為牠的肉太少，所以都會被下放到較低價的蝦款裡。說到這，既然泰國蝦的頭佔了一半，買牠是不是很不划算？噢！這又要幫泰國蝦說話了，吃泰國蝦就要「速蝦頭」啊！

## 泰國蝦要吃公蝦好還是母蝦好？

常常會聽到客人指定要公蝦或是要母蝦，這時我都好奇問說：「為什麼要特別指定？」有些客人會回答：「母蝦肉質比較細。」有些客人則會說：「公蝦比較大隻。」究竟，公蝦和母蝦到底有什麼區別呢？

### ｜尺寸｜

有些人普遍有刻板印象公蝦比母蝦大隻，所以都會強調不要買母蝦，言下之意思是我不要小隻的蝦，我常說其實蝦子跟人一樣，男生確實都會比較高大，但也是有女生長到 170 公分呀，相反的，也是有 160 公分高的男生，所以也可以發現，我們蝦款的分類大部分都是依照大小在區分，和公母沒有太大關係。

### ｜肉質｜

我覺得公母蝦的肉質是沒有差別的，有些人會特別強調母蝦肉質比較細，回到上面所說，認為母蝦肉質比較細的原因應該是母蝦通常比較小，蝦肉質

也會比較嫩，較大隻的肉質可能會比較紮實。當然還是跟烹煮的時間有關係，掌握好料理時間，即便是大蝦，不要煮過頭也會很好吃。

| 蝦頭 |

　　這是我認為公蝦和母蝦最有實質差異的地方，我們有一款蝦叫做「紅頭母蝦」，紅頭的意思是母蝦的蝦頭中有一塊紅色硬硬的卵，這是蝦子準備要受孕時才會有的，煮熟後吃起來回甘、香，是不少內行的客人指定要的蝦款，當然公蝦就沒有，公蝦只有流來流去的蝦膏可以吃。

想吃蝦卵就選紅頭母蝦

　　所以，沒有準備受孕的母蝦也不會有，就跟不是每個女人都懷孕是一樣的道理，如果你是想吃蝦卵的人，才需要特別選擇紅頭母蝦。

　　因此，要是你問我說要選公蝦好還是母蝦好？我會說：「看你喜不喜歡吃蝦頭？想速蝦膏就選公蝦，想吃蝦卵就選紅頭母蝦，沒有特別喜愛，那就選公母混合的蝦款就好囉！」

## 這兩款蝦好吃又「尚青」！

　　蝦子是甲殼類動物，脫殼這件事對牠們來說十分重要，每脫一次殼才可以長大一次，而「軟殼」正是蝦子脫完殼，殼還沒有變硬的狀態，這個時候的蝦子是最脆弱的，容易被同伴刺傷或是死亡。但若剛好這段期間捕撈蝦子上岸，就會撈到許多正在換殼的、大大小小的蝦子，通常也成為市場口中的綜合蝦。

　　軟殼蝦除上述原因容易損傷外，烹煮後也會發生蝦殼與肉不方便剝離的情況發生，對於消費者來說，食用上較為不方便。因此，軟殼蝦的價格通常會比硬殼蝦要來得低。

　　但市場上多為不分軟硬殼的綜合蝦，在一般民眾的眼裡，通常是無法用肉眼分辨軟殼硬殼的，所以你不確定自己買得是軟殼蝦多、還是硬殼蝦多？也就是說，當你買到的多為軟殼蝦時，可能就是買貴了的意思。

　　軟殼蝦和硬殼蝦其實各有優缺點，端看你如何選擇及料理，軟殼蝦價格低、容易入味，但剝殼時要比較費心，也不適合用來烤肉，因為會更難剝。不過只要蝦子都還是有活動力、夠新鮮，吃起來是沒有差異的喔！

蝦蝦隨堂考

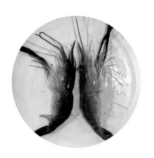

Q 猜猜左右兩隻蝦的差別?

A 兩隻皆為活母蝦,左邊是軟殼蝦、右邊是硬殼蝦。

軟殼蝦是蝦子剛換完殼,殼還沒有變硬的狀態,不建議烤肉用,蝦殼會黏在肉上,不易剝取。

▶▶ **你買到的是軟殼蝦還是硬殼蝦?**

蝦子是一種甲殼類生物,定時定期需要換殼,每換一次殼才會長大一次,軟殼蝦就是蝦子換新殼後,殼還沒有變硬的狀態,捏捏蝦頭會發現蝦頭軟軟的,不如硬殼蝦般堅硬,因此在這個狀態的蝦較為脆弱,容易受傷或死亡,又因為軟殼蝦在料理後不容易剝取,殼容易黏在肉上,故在市場上常常會看見大隻的泰國蝦但售價卻很低,因為攤商希望拋售這些容易損傷的蝦,希望大家來購買,才會價格訂在低位,如果你在市場上看到大隻的泰國蝦但便宜,要留意是不是軟殼蝦喔!

▶▶ **軟殼蝦的口感有差別嗎?**

基本上沒有差別的,就跟人的皮膚曬傷在脫皮一樣,你還是原本的樣子,為了解決殼和肉會黏在一起的問題,有些人會整隻拿去油炸,這樣炸好的泰國蝦就可以整隻食用,外殼酥脆也省去剝殼這個步驟,在本書私房菜單元我也有示範「酥炸軟殼蝦(P.230)」這道菜喔。

▶▶ **抱卵蝦可以吃嗎?**

因為我們的蝦款大部份是公母混合,所以會遇到有些蝦子有抱蛋的情況,這些是可以吃的嗎?答案是可以的喔!我們的蝦子都清洗得非常乾淨。所以大家都可以安心食用,許多小朋友也非常喜歡這種「波波」的口感呢!若是

抱的蛋呈現深色，表示這是即將成熟的卵，之後若看到這個部位請不要擔心，是可以食用的喔。

### ▶▶ 母蝦就一定會有紅頭嗎？

「紅頭」是母蝦特有的一個產物，其實就是卵巢，在母蝦準備要受孕前，卵巢會為此成熟，待公蝦來與其交配，進而排卵、抱卵再孵育下一代。也就是說，當母蝦尚未準備懷孕時，卵巢不會成熟，也不會有紅頭的現象發生，就如同並不是每個女人都正在準備懷孕是一樣的道理。

蝦蝦隨堂考

Q　圖中泰國蝦的公蝦、母蝦怎麼分？

A　左為母蝦，右為公蝦。

大家常有迷思，沒有抱卵的就是公蝦？我來破解，有可能是紅頭母蝦，或是她還沒懷孕。舉例一個女生、短髮、沒懷孕，也不能說她是男生，可能只是長得比較像男生！

但是！她應該會是有一些女性特徵是可以發現的！大家可以仔細觀察他們的腹部。左邊的蝦子腹部比較圓；右邊的蝦子腹部比較直。其實跟人很像，女生通常腹部和臀部都會比男生來得有肉，原因是脂肪可以有保護子宮的作用，孕育下一代。母蝦也是一樣的意思，腹部的地方也是她們孵育卵部位，所以會來得寬可以放卵，所以大概不要再誤會青春少女是公蝦囉。

# 冷凍蝦
# 到底可不可以吃？

　　很常遇到有人問我，冷凍的泰國蝦可以吃嗎？大家心裡應該有一個既定的答案是可以或不可以。

　　我想先問大家一個問題是：「為什麼不能吃？」你可能會聯想到幾個原因：第一個可能是有活蝦為什麼不吃？冷凍的就一定是死蝦下去冰的，吃起來一定不新鮮。第二個原因是可能你有吃過冷凍泰國蝦，口感不好，吃起來肉糊糊的，所以你就覺得冷凍泰國蝦不能吃。總歸而言，大家以為冷凍蝦不能吃的原因就是不新鮮和肉糊糊。事實上，冷凍蝦當然可以吃，但前提是要新鮮、肉 Q 彈，跟以下三大因素有關係：

## 1、冷凍技術

　　生鮮的商品都會特別強調急速冷凍的原因就是，在越短的時間內將產品中心的溫度降至零下，會讓產品內的冰晶體均勻地排列，讓產品的肉質保存得最好。而現在的冷凍蝦，都是活蝦使用急速冷凍的方式下去冰凍，就可以把蝦子的鮮度保留在最新鮮的狀態。

## 2、不須退冰

　　在確保冷凍技術沒問題之後，大家收到活凍蝦，準備要吃的時候一定會拿出來「退冰」，長時間的退冰會讓蝦子變黑出水，導致品質又再度的下降，比較好的方式是讓蝦子用流水沖到隻隻分離大概 2～3 分鐘，就可以下鍋烹調了。

最好的解凍方式，就是用流水沖到隻隻分離。

## 3、料理時間

活凍蝦在料理的過程中會比新鮮活蝦烹煮多花一些時間,而且確保必須要確保蝦子煮熟再起鍋,如果只是七～八分熟就起鍋,可能也會吃到肉質糊糊的蝦子,那要如何判斷蝦子是否變熟?蝦殼變紅、蝦肉變白、變硬,就表示蝦子煮好囉。

料理活凍蝦,可以多煮幾分鐘確保煮熟再吃。

以上就是活蝦急速冷凍,在沒有退冰的情況下下去烹調,煮熟後起鍋,你就可以吃到新鮮 Q 彈的泰國蝦。不論是在烤肉、露營、請朋友吃晚餐、凌晨兩點當宵夜,活凍蝦都是可以讓你很方便享用的鮮味。

## 厝邊隔壁都在問的好蝦迷思 F&A

### 1. 挑錯蝦，才會過敏？

　　「吃蝦過敏」常常是台灣普遍的消費者常會遇到的情況，更有一種情況是「有時候會過敏、有時候不會。」所以到底是自己的問題還是蝦子的問題呢？除了原發性對貝類、甲殼類的食材過敏之外，過敏造成的原因也會因為身體長時間狀況的累積，吃到容易觸發的過敏原的環境、食材時而產生。那降低過敏發生的機率，食物的新鮮度就顯得非常重要。採購時可以確保蝦子的新鮮度、是否有食品添加劑的攝取、以及料理的過程中，蝦子是否完全熟成，都可以避免過敏情況的發生。

### 2. 坊間說泰國蝦容易死，所以都會放藥保鮮？

　　身為店家的立場，蝦子存活越久，耗損就會越低。如果使用藥物輔助的話，可能會有食安的問題、也會增加成本，但是因為用藥無法使用肉眼判斷，所以建議找尋每天都有配送活蝦的店家或是選擇信任及有送檢的店家採買，以確保自己購蝦時的放心。

### 3. 有時候買冷凍蝦，退冰後為什麼會粉粉的？

　　蝦肉吃起來會粉粉的原因是來自於兩個因素：一、是冷凍技術，二、是解凍方式。活蝦在冷凍的過程中，蝦肉的細胞間會產生冰晶體，所以在越短的時間內將蝦肉冷凍，冰晶體的形成會越細緻，因此較為不破壞組織。若使用家用冰箱或是其他的冷凍方式，若無法盡速地讓蝦肉冷凍，冰晶體較大，在食用時，就會有蝦肉分散的情況。那若為使用急速冷凍的方式，也要特別留意在解凍的過程中，不需要慢慢等待蝦子退冰，可以直接流水將蝦子充分開之後，就可以立刻下鍋，讓蝦子在短時間受熱，即可保有肉質緊實的特性。

### 4. 聽說蝦肉黏在殼上，就代表不新鮮？

　　蝦殼會黏在肉上很大的原因是買到了「軟殼蝦」，「軟殼蝦」是指蝦子要長大之前，牠們會蛻殼，而殼還沒有完全成形的過程，所以在這個時候蝦子被捕撈上岸烹煮時，蝦殼就比較容易黏在肉上面，因此蝦子的新鮮度無法完全用「肉黏殼」來評判。

　　比較好判斷蝦子的新鮮度可以由這三部分來觀察：第一觀察蝦頭跟蝦身是否緊密相連，若蝦頭跟蝦身體已經快要分離，就表示這個蝦子已經死亡一段時間，避免食用。

　　第二，可以觀察蝦肉的顏色是否呈現「乳白色」或是「透明感」，若是死亡一段時間的蝦子，蝦肉內的蛋白質會變質，進而轉變為乳白色狀。而蝦肉晶瑩有光澤，即這為新鮮的蝦。

　　最後，可以觀察蝦子的觸鬚，蝦子是透過觸鬚來探索外界的環境，因此觸鬚越長，表示蝦子越健康；在日本文化中，蝦子的觸鬚也有長者鬍鬚的意象，意指長壽，而蝦子在運送的過程中蝦鬚也容易斷裂，無法完全作為依據，但可以作為觀察上的參考。

### 5. 老闆，為什麼泰國蝦沒有「蝦味」？

　　你是否也有這樣的困惑？明明都是蝦子，怎麼有些蝦吃起來味道濃郁，有些蝦的味道卻很清淡；沒有蝦味就表示蝦子不新鮮嗎？其實不然，而是因為養殖方式不同，讓蝦味的感受不一樣。

　　蝦子吃起來會覺得甜是因為蝦肉含有甘胺酸，顧名思義，就是「甘」味的胺基酸，當你吃蝦的時候，就會有甜甜的感受。

　　而蝦子的養殖方式可分為：淡水養殖、半海水養殖及海水養殖。海水養殖的蝦（如：草蝦、白蝦、明蝦），因為生長在海水裡，為了對抗海水的滲透壓，身體會產出較多的甘胺酸；就像是紅豆甜湯，

喜歡吃蝦的你，更要懂得挑好蝦

另外再加入一小匙鹽，可以讓紅豆湯吃起來更甜一樣意思。

　　同理可知，泰國蝦是淡水養殖的品種，相較於海水養殖的蝦，甜味的感受度就沒有這樣強烈。但也因為泰國蝦的味道比較清淡，可以很好的吸附湯頭和調料的味道，烹煮後更能顯露廚師的獨門配方。

　　尤其吃火鍋時，把煮熟的鮮美肥蝦，從湯鍋裡撈起，剝開蝦頭，濃郁鮮美的蝦膏和火鍋湯汁緩緩流出，大口咬下，吸收了湯頭精華的蝦膏，瞬間在你嘴巴綻放。這是老饕才會知道的極品美味呢！

## 6. 蝦頭到底可不可以吃？（速蝦頭是在速哪邊？）

　　泰國蝦的特徵就是頭很大，約佔身體的 1/2，有些人說蝦頭富有濃郁蝦膏，吃來鮮甜甘美，有些人則說蝦頭不乾淨不要吃，丟掉覺得可惜，吃了又膽戰心驚，說法兩極，到底誰對誰錯？

　　泰國蝦頭以眼睛做為交界，大致可以分為上半與下半兩個部分。上半部有個黑色像袋子的東西，那就是所謂的胃囊，是蝦子負責消化的食物處理廠，不建議食用，在處理蝦子時可以將囊袋去除（見 P30），或是剝蝦時可以留意避開。

　　反觀下半部，則是泰國蝦頭精華美味之處，公蝦有黃色鮮甜的蝦膏，在吃蝦的過程中可以吸允，一不小心可能會流得到處都是，而部分準備懷孕的母蝦則有像紅蟳那樣的紅色蝦卵，俗稱「蝦界紅寶石」，吃來有彈性且回甘，不論是公蝦還是母蝦，只要吃蝦時，掌握一個大原則，避免吃到胃囊，剩下的部分都是可以安心享受的。

　　有別於其他不同品種的蝦，內行的饕客們選擇吃泰國蝦，除了可以吃到口感豐厚、Q 彈飽滿的蝦肉外，另一個重要的原因就是可以享受「速蝦頭」的快感，還可以品嚐到料理的口味滲入蝦頭後的交互作用，吃一隻蝦就能有雙重享受，這是其他品種的蝦無法體會到的哦！

## 蝦公主愛聊蝦專欄 **2**

### 你吃的蝦都從哪裡來？

　　為了避免日頭曬，也擔心陽光太大，氣溫太高，蝦子容易損傷，所以蝦農通常需要 3 ～ 4 點就去抓蝦（冬天會晚一點），頭戴頭燈，在蝦池裡穿梭，把準備收成的蝦集中篩選，讓這半年來的辛苦化成黃金，而作為大盤商的我們，需要在 5 ～ 6 點的時候在蝦池邊收蝦，並載到「冰店」──這是蝦子的批發場，所有的盤商交易都在這邊，每輛蝦車都有它停放的位置，上面會有水管，讓蝦車可以載水，冰店也有販售冰磚，讓蝦子可以保持在適合生存的 25 度。

　　以泰國蝦養殖為例，從蝦苗到市場上可以販售的成蝦，大約需要耗費 6 個月的時間養成。期間若遇到寒流、下雨，都會使得蝦池產生溫度過低、或池中 PH 值過酸，皆會導致蝦子死亡。受到天氣因素的影響，捕撈上岸的蝦，其中的尺寸、產量、及價格就會有所浮動。

　　在冰店裡，挑選出適合的蝦款給不同的通路，如：餐廳、釣蝦場、中盤等等，中盤商會負責把蝦載到給各通路的零售商，大家可以在菜市場、或各個買到蝦的地方買蝦，通常大盤商的工作到交蝦給中盤就結束了，而我們的任務還沒完，就是還有一部分的蝦需要帶回來店面販售。

從蝦池邊收蝦後，會直接載到批發場交易。

把蝦子載回店裡後，我們就要根據蝦子尺寸、狀態進行分類。

　　簡而言之，從蝦農養蝦，送到市場買到的蝦通常會經過以下通路：蝦農 > 大盤商 > 中盤商 > 零售商。

蝦農　大盤（冰店）　中盤　零售商（通路）

## 什麼！泰國蝦竟然不是從泰國來的？！

現在市面上吃到的泰國蝦，有九成九都是台灣自產；既然如此，為何不稱為「台灣蝦」，而要叫「泰國蝦」呢？這要從 1970 年代的台灣水產養殖試驗說起。

1970 年 7 月，服務於聯合國農糧組織的林劭文博士，從泰國寄 300 尾淡水長臂大蝦[1]的幼蝦給台灣水產界（張文重，2011），並分別由烏山頭淡水養殖示範中心及水產試驗所東港分所試養。

直到隔年 5 月，兩處中心試養結果僅存 10 多尾；幸運的是，其中的一對於同年 10 月孕育 152 尾幼蝦，成為臺灣水產養殖史上，成功繁殖淡水長臂大蝦的轉捩點。隨後，經由多年來技術的進步，使得淡水長臂大蝦成為飼養簡單且疾病較少的蝦款，且全年可以捕撈，大多飼養於屏東里港鄉、鹽埔鄉等地，是當地重要的經濟水產。由上所述可知，因蝦種源自於泰國，故淡水長臂大蝦又民眾俗稱「泰國蝦」。

我常被新朋友問到以下三個問題：「泰國蝦為什麼叫泰國蝦？」、「泰國蝦真的是從泰國來的嗎？」、「所以你們都是自己進口泰國蝦嗎？」究竟正確答案是什麼呢？讓我來細細為你解答。

### 泰國蝦為什麼叫泰國蝦？

泰國蝦的學名其實是淡水長臂大蝦（Macrobrachium rosenbergii），英文名稱又可被稱為 Giant freshwater prawn。大多生長在東南亞一帶的國家，如：泰國、緬甸、柬埔寨、越南、菲律賓、馬來西亞、印尼等國家都可以見到他的蹤跡。

至於為什麼不叫印尼蝦、越南蝦呢？那是因為 1970 年由服務於聯合國糧農組織的林紹文博士請泰國寄贈 300 尾淡水長臂大蝦的幼蝦給台灣水產界，在日後人工繁殖成功後，轉變為經濟蝦類，便於簡稱，故稱為泰國蝦。

---

1  淡水長臂大蝦（Macrobrachium rosenbergii），或淡水長腳大蝦，英文名為 Giant freshwater prawn。其主要分布在熱帶及亞熱帶地區，如泰國、緬甸、越南、菲律賓、馬來西亞、印尼等國（張文重，2011）。在 1970 年時，自泰國引進，目前已在故被民眾俗稱其為「泰國蝦」。

### 泰國蝦真的是從泰國來的嗎？

　　沒錯，最一剛開始，泰國蝦真的是從泰國來的喔！雖然泰國寄贈了 300 尾種蝦給台灣，但一開始的繁殖並不是這麼順利，養在東港水試所的蝦子都不幸死亡，最後僅存烏山頭水試所的一對於同年的 10 月育得 152 尾幼蝦，才得以繁殖。

### 台灣的泰國蝦都是進口的嗎？

　　泰國蝦在台灣成功繁殖後，因飼養簡單、疾病少、投資養殖成本相對低，故於屏東里港、鹽埔等地大量繁殖，其可謂泰國蝦的養殖重鎮，全台有九成的泰國蝦都來自於該地。爾後又衍伸出燒烤、奶油、胡椒大蝦等料理方式，更因泰國蝦咬餌力較足，釣蝦活動興起，在供不應求的情況下，不斷優化養殖技術，以致今日泰國蝦成為台灣經濟蝦類。

　　其實在台灣，不管是農林漁牧的技術都是領先世界的，大家想想水果就可想而知。即便我到泰國參訪，也不見泰國的泰國蝦比台灣的漂亮，雖然體型較台灣的泰國蝦大，但以色澤或是肉質來說皆是台灣的泰國蝦略勝一籌，多虧蝦農的努力及養殖技術的精進，讓台灣人也可以獲得這麼優質的食材來源。

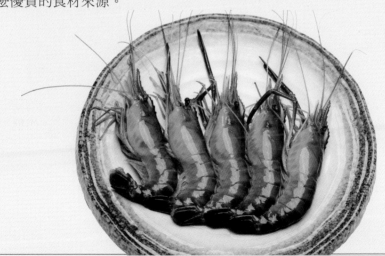

# PART 02

蝦公主教你預處理，
保有「尚青」的蝦味！

# 蝦子烹調前的
# 清洗、處理&保存妙招！

　　許多人都有購買活蝦的經驗，但是蝦買回去卻發現幾個問題：中午買蝦、晚上才要吃該如何保存？又或是蝦子蹦蹦跳、該怎麼處理？網路上有許多處理蝦的教學，但真的按照步驟做，費時又費工，只是想吃個口感鮮美的蝦子，怎麼就這麼難呢？別擔心，蝦公主教你輕鬆保鮮不費力的小撇步！

## 剛買回來的活蝦，應該怎麼處理與保存？

　　大部分的主婦都是上午買蝦，晚餐才要料理，那麼，直接將活蝦放入冰箱冷藏保存即可保鮮；若是買完要立刻煮，卻又擔心蝦子蹦蹦跳的話，可以先將蝦子放進冷凍約20分鐘，讓蝦子們「暈倒」的狀態，這樣處理的時候就不用擔心會刺傷自己的手。

　　另外常會有人詢問：「活蝦買回去會死嗎？」、「放冰箱蝦子不就死掉了？這樣還新鮮嗎？」是的，蝦子是必須要水和打氣設備才會存活的生物，離水一段時間後，沒有空氣幫助循環即會自然死亡，但放在常溫中則會導致菌數生長，因此請放置冰箱冷藏確保品質及鮮度。

## 活凍蝦：烹調前的退冰準備

　　除了活蝦，你還可以選擇活凍蝦。尤其有些客人從比較遠的地方來買蝦，買完只能當天吃，那如果還想要吃，又要跑一段路。所以，我很建議乾脆使用活蝦急速冷凍的方式，宅配到家裡更方便！確實，透過每日現撈的活蝦利用專業的冷凍設備及技術，將蝦子的肉質與鮮度鎖住，放在家中冰箱即可成為常備菜，想吃蝦的時候，無需退冰，只要用流水沖到蝦子隻隻分離，烹煮時間只要10分鐘，新鮮又美味的蝦料理就能上桌！

蝦子無須退冰，只要用流水沖到蝦子隻隻分離即可下鍋烹煮。

## 蝦腸泥是什麼？一定要去掉嗎？

　　蝦子背上常見到一條黑色的線，常常讓人憂心忡忡，不確定那是什麼，可以吃嗎？是否要去除？實際上，那是蝦子的腸道或俗稱「蝦線」。

　　但我們的蝦子在抓上岸前都會被禁食 1 ～ 2 天，以保持蝦腸的乾淨，所以有腸泥的機率比較小；如果真的有需要開背去腸泥，建議用剪刀剪開，稍微確認沖洗一下即可。

| 如何去除蝦囊 |

① 先把蝦子眼睛後面約 0.5 公分的地方剪掉，就可以看到黑黑的蝦囊。①

② 再把剪刀戳進去把蝦囊取出。如果不小心把蝦囊戳破也沒有關係，只要用清水洗乾淨就可以了。②

| 如何開背去腸泥 |

① 因為泰國蝦殼較硬，需先從蝦頭蝦腹連接處，將剪刀戳進去，沿著蝦殼往下剪。①

② 用手稍微撥開蝦殼，取出腸泥。②

　　處理好的蝦子就要快點下鍋料理，這樣吃起來才會新鮮 Q 彈喔。

# 超快速的
# 完美剝蝦絕活

　　你是否愛吃蝦,但剝完蝦肉總是爛爛的?怕剝蝦刺到手,也不想吃得滿手蝦味?還是想幫曖昧對象剝蝦?這裡特別整理了剝蝦口訣,方便大家快速剝蝦,是連不用手剝蝦都適用的剝蝦技巧喔!

　　想要快速且完整剝蝦,除了剝蝦技巧外,蝦子需要是「新鮮的硬殼蝦」。因為新鮮蝦子的殼跟肉不容易黏在一起,而軟殼蝦代表蝦子剛脫完殼,所以殼較軟、較薄,使得殼跟肉容易黏在一起。

## 快速剝蝦口訣「去頭、拆散(三)、拔尾巴」

　　學習剝蝦技巧之前,先了解蝦的構造,一隻蝦有大兩部分,分別為「頭胸部」和「腹部」。頭胸部是食用蝦子時,所認知的整個頭部,但細分為頭部六節、胸部八節;而腹部則是蝦肉與尾巴,細分為腹部六節與一個尾扇。接著我們就依照快速剝蝦口訣「**去頭、拆散(三)、拔尾巴**」開始吧!

　　步驟一「去頭」:也就是先剝掉頭胸部,你可以一手捏住蝦頭、一手捏住蝦腹第一節,相互上下左右搖晃將蝦頭取下。

　　步驟二「拆散(三)」:想快速剝蝦最重要就是「腹部第三節」,因為第三節是蝦殼與蝦肉最黏的位置。因此剝蝦技巧就是先從第三節下手,從腳(腹足)用手穿進蝦殼與蝦身之間,就可以向前剝除第一到三節。

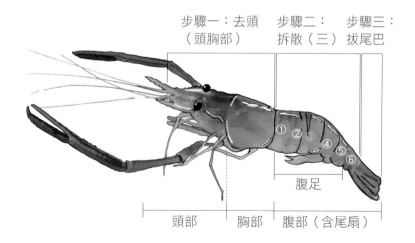

步驟一:去頭　　步驟二:　　步驟三:
(頭胸部)　　拆散(三)　拔尾巴

腹足

頭部　　　胸部　腹部(含尾扇)

步驟三「拔尾巴」：剝到目前為止，蝦殼剩下腹部第四到六節與尾扇，此時只需要一手捏住第三節蝦肉、一手捏住尾扇向後拉，就可以完成漂亮微笑線的蝦肉囉！如果此時你覺得蝦殼有點難脫離，可以先扳斷尾扇上方尖刺（尾柄）再拔除蝦殼，或是直接從腹部第四節向後剝除。

## 不用手剝蝦也能完整吃蝦！

很多人愛吃蝦，但怕剝蝦刺到手或不想滿手蝦味。此時可依循快速剝蝦口訣，用下面兩種方式吃蝦：

| 方法一 |

「嘴巴」：先咬掉蝦頭，然後用牙齒咬開腹部第三節，接著放進嘴巴，像吃葡萄吐葡萄皮一樣，吃完蝦肉後再把殼吐出來。

| 方法二 |

「用刀叉或湯匙取代刀子」：用叉子固定蝦子，用刀子或湯匙截掉頭和蝦腹的腳，再從第三節插入蝦殼與蝦肉之間，依序剝掉蝦殼。

## 手有蝦腥味，怎麼處理

| 檸檬水、白醋 |

很多人都知道用檸檬可以殺菌、除臭，也能消除手上的異味。我在處理蝦子料理時，都會準備一盆清水擠上一點檸檬汁和檸檬片，輕輕搓揉幾分鐘可以洗去手上的腥味。但特別注意不可以用檸檬熱水，以免手上殘離的海鮮蛋白質遇熱，會變得更臭喔。

| 咖啡渣、茶葉渣 |

大家喜歡喝的咖啡和茶，剩下來的咖啡渣及茶葉渣也有非常好的除臭效果喔。可以取一點咖啡渣或茶葉渣，搭配洗手乳在手上混合搓洗，就能去除異味與海鮮腥味，還有去角質的功效！

# 內行人料理蝦子的 3 大極鮮祕訣

難得買了新鮮蝦子當晚餐，卻不知道怎麼料理嗎？學會以下的祕訣，美味的蝦料理變得好簡單。

## 1、適合的廚具

常言道：工欲善其事，必先利其器。要想煮出一道香濃的泰國蝦鍋物，就應該使用較深的湯鍋或砂鍋來煮；想要做香辣的胡椒蝦，中式炒鍋或是鑄鐵鍋比較適合，如果還有胡椒蝦店常用的「狗母鍋」，就更有在餐廳用餐的感覺。

以下推薦我自己很常用且愛用的廚具給大家參考，希望大家煮蝦也可以快速上手保持鮮美。

### | 不鏽鋼炒菜鍋 |

因為泰國蝦殼比較硬，所以比較適合使用耐刮的材質，不會刮出鍋子的塗層也比較防磨（像不沾鍋就比較不適合拿來炒泰國蝦，容易刮傷），而不鏽鋼的炒菜鍋直徑較大，也不容易將蝦子炒出鍋外，可以容納大隻的泰國蝦，是我第一名的愛用鍋款。

### | 鑄鐵鍋 / 砂鍋 |

鑄鐵鍋是好看又實用的鍋款，我大多拿來做不需要拌炒的料理。它的密閉度比高，所以熬湯快、保溫效果好，關火 1～2 小時後，菜餚還是持續保溫，煮好直接上桌，又很美麗，推薦大家預算夠的話，可以趁百貨週年慶入手一咖。

烤箱的優點不用我多說了吧，甜的鹹的都可以烤，懶人料理法就是把蝦子丟進去上層，下層放蔬菜，15分鐘後叮一聲你的晚餐就準備好了。沒有油煙味還能很優雅呢！起鍋時，灑點橄欖油、鹽和胡椒，這樣吃新鮮美味又低脂還能享瘦喔！

## 2、調味可重可輕

台灣的泰國蝦都是淡水養殖的，所以蝦子的味道會比較清淡，這樣的特性適合各種菜色能更突顯料理的風味。今天想吃清爽的，加點鹽、烤一下即可；想吃口味重一點的，推薦胡椒蝦、南洋蝦。

## 3、選用同尺寸的蝦子

料理節目的廚師每次教做菜時，一定會再三強調，要將食材切成相同大小。因為大小一致、烹煮時間才能一致，才不會遇到食材煮好上桌後，因為大小不一、厚度不一、形狀不一，造成加熱程度的落差，食材某些部分太老、有些還沒熟的窘境。

蝦子大多是連殼一起料理，所以應該在料理前，先挑好同尺寸的蝦，就能更簡單的控制烹煮時間。

蝦公主教你預處理，保有「尚青」的蝦味！

# 限定美味！在家自製
# 煸蝦油、煉蝦湯！

　　常有朋友跟我哀嚎，買了蝦子取出蝦仁後剩下的蝦殼可以怎麼運用？其實我覺得蝦殼才是珍寶呢，不僅可以煉蝦油提升風味，還能熬蝦湯讓菜色更鮮美，以下是我的獨門作法，大家可以參考喔！

## 祕製蝦油做法及保存方法

　　蝦油可以提升料理風味，拌麵炒飯或搭配任何海鮮料理都超搭！

│ 蝦油材料 │
- 蝦殼、蝦頭 15 ～ 20 隻
- 食用油，油量要蓋過蝦子的 1/3 或 1/2

│ 料理步驟 │
- 先將蝦殼、蝦頭剁好備用。
- 準備一油鍋放入足夠的油量，先加熱至 160 度。
- 接著，放入蝦殼和蝦頭。①
- 開大火不停的拌炒至蝦頭和蝦殼都轉紅，有炸脆的感覺。②
- 將蝦殼瀝出，再用鍋鏟壓蝦殼一邊瀝油。③
- 鍋篩蝦油倒入消毒過的玻璃瓶，放涼後放進冰箱保存。④

★ 自製蝦油要盡快使用，冷藏一般可以保存兩周左右。

③

④

## 獨門自製蝦高湯及保存方法

剝下來的蝦殼及蝦頭別急著丟掉熬成蝦湯，當成高湯讓菜色增添鮮味更美味喔！

| 蝦湯材料 |

- 洋蔥丁適量
- 蒜末適量
- 蝦殼、蝦頭 4 ～ 6 隻
- 開水 500ml

| 料理步驟 |

- 先將蝦殼、蝦頭剝好備用。①
- 在鍋中倒入 1 ～ 2 湯匙油。
- 將洋蔥丁及蒜末爆香。
- 放入蝦殼炒至蝦殼轉成紅色。②
- 倒入開水煮沸 3 ～ 5 分即可。③

★ 做好的蝦高湯可與所需之菜色一同拌炒，加入海鮮燉飯或是義大利麵亦可增添風味。放涼後也可倒入製冰盒放冷凍庫，需要時再取出加熱即可。

①

②

③

蝦公主教你預處理，保有「尚青」的蝦味！

## 神分析！愛吃蝦的你，暗藏哪種個性呢？

來呦～吃蝦看個性？趣味心理測驗檢來玩玩看準不準！

**問：** 某天朋友來訪，冰箱正好有蝦你會做什麼料理請朋友吃？

A. 胡椒蝦　　　　B. 檸檬蝦　　　　C. 焗烤蝦　　　　D. 麻油蝦

**答：**

A. 胡椒蝦：胡椒蝦絕對是吃蝦人的經典口味，表示你是個循規蹈矩的人，不太容易受外界環境所影響，自制力高，能夠獨立完成事情，成果也是十分受人讚賞，是個踏實又可靠的人。

B. 檸檬蝦：酸甜鹹的滋味都包含在檸檬蝦這道料理當中，是四個口味裡變化最多的一道料理，意味著你喜歡嘗試新東西，對任何事物都感到新鮮及好奇，有趣和善的人格特質展現在你的人際關係上，生活多采多姿是你的最佳寫照。

C. 焗烤蝦：焗烤蝦是四種口味中步驟最簡單的，但卻又能讓客人驚豔的料理，效率是你生活重心，不喜歡浪費時間在沒有意義的事物上，你最擅長用簡單的步驟完成並達到目標，是個靈活聰明的人。

D. 麻油蝦：凡是麻油相關的料理都促進血液循環，煮的好吃不容易，願意花心思讓客人吃到有益健康的菜色表示你是個善於照顧別人的人，在寒冷的天氣裡給人一桌的熱餚，絕對是個暖男、暖女無誤。

**蝦公主愛聊蝦專欄 5**

## 網友大推！吃蝦配什麼酒最搭 TOP3？

不論你是自己一人在家嗑蝦，還是和三五好友聚會吃蝦，一定都會搭配飲料助興，至於，吃蝦配什麼最搭？有人說配可樂或雪碧，不過大部分的人都還是認為吃蝦配啤酒最對味！但是市面上啤酒種類五花八門，口味、濃淡也略有不同，到底哪款才是網友的最愛的前三名呢？

### No.3 18 天台灣生啤酒

台灣啤酒公司出產的限時生啤，未經過巴氏德高溫殺菌，採用歐洲優質原料釀製，全程 0～7℃冷藏保鮮，保留最多啤酒營養及麥香風味，網友表示：「喝起來不苦，超順！」。

### No.2 海尼根

來自荷蘭的品牌，天然原料：發芽大麥、水、啤酒花，以及能創造豐富風味與細緻的果香的 A 酵母所組成，海尼根也不斷精進釀酒技術，賦予海尼根獨具特色的豐富滋味，且透過有活力、時髦的品牌形象，在市場中抓住年輕人的心。

### NO.1 金牌啤酒

與第三名一樣是台灣啤酒公司出產的，金牌最大的特色就是「不苦、有麥香」，常常在喝啤酒時都是與朋友邊聊邊喝，最大的困擾就是啤酒放久會苦，金牌啤酒克服了這個問題，慢慢喝，也好喝喔！

乾杯！

PART 03

把餐廳美味帶回家！
在家也能做經典蝦料理
. . . . .

把餐廳美味帶回家！在家也能做經典蝦料理

# 濃醇香胡椒蝦

## 泰國蝦最強吮指名菜

　　泰國蝦經典菜色怎麼能少得了胡椒蝦！香辣的胡椒配上肥厚的蝦肉，黃澄澄的蝦膏吸一口，胡椒的辣感和鮮味馬上充斥在口中，學會這一道，半夜三點也能在家享受胡椒蝦。

　　段泰國蝦的胡椒蝦配料獨家請源自馬來西亞的香料魔法師專屬調配，辣度來自於胡椒而非辣椒，香氣撲鼻而來，吃一口直接愛上！

影片示範

**適用蝦種**

· 泰國蝦

## 材料：（2 人份）

· 段泰國蝦 1 斤（約 9 ～ 10 隻）
· 胡椒蝦粉料 1 包
· 米酒 1 杯（約 240c.c）

**料理步驟：**

**1. 準備材料**

- 冷凍泰國蝦先用流動水沖洗至每隻蝦分開，瀝乾水分。
  另外準備胡椒蝦粉料及米酒，備用。①

**2. 烹調料理**

- 開中大火，把蝦子、胡椒粉配料、米酒，倒入不銹鋼鍋中拌勻。②③
- 炒勻後蓋上鍋蓋，燜煮約 10 分鐘，再開鍋蓋檢查熟度，炒熟收汁即
  可上桌。④⑤

①

**蝦公主 Tips**

**自製胡椒蝦配料**
若家裡沒有備用的胡椒蝦
配料，可以直接用下列比
例調配喔！
白胡椒：黑胡椒粉：鹽＝
1：1：0.5

②

③

把餐廳美味帶回家！在家也能做經典蝦料理 ■

④

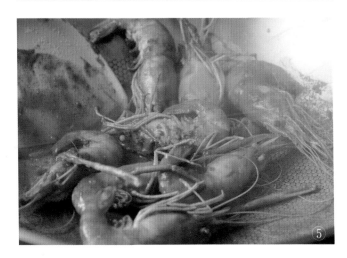

⑤

把餐廳美味帶回家！在家也能做經典蝦料理 ■

# 威士忌胡椒蝦

## 酒香帶勁，讓料理提升層次

某天週末，客人傳訊息分享：帶了我們的蝦去露營，把胡椒蝦中的米酒換成威士忌，瞬間吸引隔壁帳篷的人來圍觀，「太香了！也太奢華！」威士忌的麥香也讓胡椒蝦的味道層次更豐厚，是一道大人系的菜色。

影片示範

**適用蝦種**

・泰國蝦

**材料：（2 人份）**

・泰國蝦 1 斤（約 9 ～ 10 隻）
・胡椒蝦粉料 1 包
・威士忌 1 杯（約 240c.c）

**料理步驟：**

**1. 準備材料**

- 冷凍泰國蝦先用流動水沖洗至每隻蝦分開，瀝乾水分。①
另外準備胡椒蝦粉料及威士忌，備用。②

**2. 烹調料理**

- 開中大火把蝦子、胡椒粉配料、威士忌倒入砂鍋中拌勻。③④
- 炒勻後，蓋上鍋蓋燜約 10 分鐘，再開鍋蓋檢查熟度，炒熟收汁即可上桌。⑤

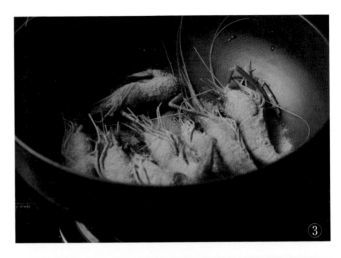

③

④

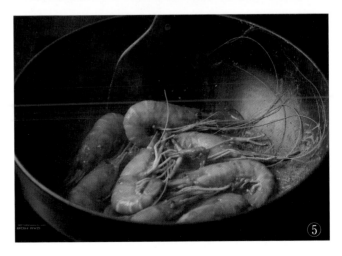

⑤

# 泰泰烤蝦

泰國蝦料理中的經典霸主

新鮮的蝦配上簡單的粗鹽調味，用高溫烤出蝦殼的香氣，濃厚香醇的原味鹽烤蝦，連小孩都愛不釋手，記得烤箱先預熱，這樣可以加速蝦子受熱均勻。

影片示範

**適用蝦種**

・泰國蝦、草蝦、明蝦

**材料：（2 人份）**

・泰國蝦 1 斤（約 9 ～ 10 隻）
・粗粒天然鹽 200 克

**料理步驟：**

**1. 準備材料**

・冷凍泰國蝦先用流動水沖洗至每隻蝦分開，瀝乾水分。另外準備粗鹽，備用。①

**2. 烹調料理**

・將泰國蝦和粗鹽倒入鋼盆中，以搖晃鋼盆的方式使粗鹽均勻分佈在蝦身上。特別提醒：不要用手攪拌，以免被蝦子尖刺刺傷。②

・放入預熱好的烤箱，設定上下火 200 度，約烤 10 ～ 15 分鐘，出爐即可食用。（時間依蝦子大小調整）③

①

把餐廳美味帶回家！在家也能做經典蝦料理 ■

②

③

把餐廳美味帶回家！在家也能做經典蝦料理

# 鹽焗大蝦

## 鹹香滋味一吃就上癮

沒有烤箱的朋友，也可以利用糖炒栗子的概念，選擇平底鍋或是炒鍋將粗鹽炒至冒煙，再將蝦子燜熟，也能有烤蝦的香氣。同樣的料理方式可以能延伸至鹽烤魚、鹽烤蛤蜊等。

影片示範

**適用蝦種**

· 泰國蝦、草蝦、明蝦

## 材料：（2 人份）

· 泰國蝦 1 斤（約 9 ～ 10 隻）
· 粗粒天然鹽 600 克
· 米酒 1 杯（約 240c.c）

**料理步驟：**

**1. 準備材料**

- 冷凍泰國蝦先用流動水沖洗至每隻蝦分開，瀝乾水分。
  另外準備粗鹽及一杯米酒，備用。①

**2. 烹調料理**

- 將粗粒天然鹽 2/3 量倒入鑄鐵鍋中，開中大火拌炒粗鹽，待鍋子燒熱。②
- 待粗鹽冒煙後表示鍋子已經夠熱，再把蝦子均勻排列在鹽上，再把最後 1/3 的粗鹽鋪上蝦子上。③④
- 蓋上鍋蓋燜煮約 5 ～ 6 分鐘，再開鍋檢查，蝦子五分熟時將米酒倒入。⑤
- 等候約 3 分鐘，待蝦子全熟即可享用。

①

②

③

④

⑤

把餐廳美味帶回家！在家也能做經典蝦料理 ■

# 香料鹽焗蝦

## 特殊椒麻香，滋味無窮

這道菜是鹽焗大蝦的高級版本，把香料加入粗鹽當中拌炒，過程中會有類似茶葉蛋的香氣，再淋上威士忌或是你喜歡的酒，雪白的鹽上有香料的點綴，看起來十分高級，很適合派對上出現。

影片示範

### 適用蝦種

· 泰國蝦、草蝦、明蝦

### 材料：（2 人份）

· 段泰國蝦 1 斤（約 9 ～ 10 隻）
· 粗粒天然鹽 600 克
· 威士忌 1 杯（約 240c.c）
· 黑胡椒粒 1 大匙
· 花椒粒 1 小匙
· 八角 3 顆
· 月桂葉 5 片

**料理步驟：**

**1. 準備材料**

- 冷凍泰國蝦先用流動水沖洗至每隻蝦分開，瀝乾水分。
  另外準備粗鹽及其他材料，備用。①

**2. 烹調料理**

- 將粗粒天然鹽和花椒粒、八角、月桂葉倒入鑄鐵鍋中，開中大火拌
  炒香料鹽，待鍋子燒熱，先取出一半的香料鹽，備用。②
- 先把蝦子均勻排列在香料鹽上，再把剛剛取出的香料鹽鋪在蝦子
  上。③④
- 蓋上鍋蓋燜煮約 5 ～ 6 分鐘，再開鍋檢查，蝦子五分熟時將淋上威
  士忌；接著，蓋上鍋蓋轉小火等候約 4 ～ 7 分鐘，待蝦子全熟即可
  享用。⑤

①

②

③

把餐廳美味帶回家！在家也能做經典蝦料理 ■

④

⑤

把餐廳美味帶回家！在家也能做經典蝦料理 ■

# 蝦公主生菜蝦鬆

## 蝦仁搭配烏魚子，滿口鮮香

有時候就是想要吃脆脆口感的東西，蝦鬆就是最好的選擇。水分充沛的生菜，包裹住所有的食材，會讓人一口接一口。

**適用蝦種**

· 泰國蝦仁、白蝦仁、草蝦仁

## 材料：（2 人份）

· 蝦仁 10 ～ 15 隻
· 萵苣 1/2 顆
· 小黃瓜 1 根
· 老油條 1/2 根
· 可樂果 1 小把
· 烏魚子 1/4 片

**料理步驟：**

**1. 準備材料**
- 冷凍蝦仁先用流動水沖洗至每隻蝦分開，瀝乾水分。（不需太久）
- 萵苣洗淨瀝乾，裁剪成手掌大小，小黃瓜洗淨瀝乾，切丁備用。
- 將所有食材備好後，老油條切碎、可樂果捏碎。①

**2. 烹調料理**
- 蝦仁放入滾水氽燙至熟，撈起過一下冰塊水，切小丁備用。②
- 烏魚子先不用剝膜，放入平底鍋稍煎一下後，倒入一大匙米酒兩面煎熟後，起鍋放涼後，切小丁備用。③④
- 取一片萵苣鋪底，依序放入蝦丁、烏魚子丁、小黃瓜丁。⑤⑥
- 最後，可依個人喜好放入老油條碎或可樂果碎，包起來即可享用。⑦

①

**蝦公主 Tips**

**氣炸油條**
若沒有老油條，可以去中式早餐店買現炸油條回家，放進烤箱（180度2分鐘）或氣炸鍋（180度5分鐘）加熱烤酥。

②

③

④

⑤

⑥

⑦

把餐廳美味帶回家！在家也能做經典蝦料理 ■

# 三色蒜泰蝦

## 快速上桌享用濃郁好滋味

把餐廳美味帶回家！在家也能做經典蝦料理 ■

某天不知道晚餐要吃什麼，就把冰箱有的食材拿出來炒一炒，不管什麼菜，只要有一匙蒜和一包蝦就可以解決的！料理有時候就是這麼簡單，把喜歡的食物加在一起就可以了！

這道菜的蝦子，我特意沾上麵粉後下去煎炸，可以更巴住醬汁、更下飯。

**適用蝦種**

· 泰國蝦、草蝦、白蝦

## 材料：（2 人份）

· 泰國蝦 1 斤（約 9 ～ 10 隻）
· 蒜末 50 克
· 青椒、黃椒、紅椒各 20 克
· 中筋麵粉 100 克
· 鹽、雞粉、胡椒粉各 1/2 匙

**料理步驟：**

**1. 準備材料**

- 冷凍泰國蝦先用流動水沖洗至每隻蝦分開，瀝乾水分。
- 蒜頭洗淨瀝乾、去皮切末。青椒、黃椒、紅椒洗淨瀝乾，切小丁備用。①

**2. 烹調料理**

- 準備一只鑄鐵平底鍋，放入食用油，將蝦身兩面沾上麵粉，入鍋煎至蝦身轉紅，起鍋備用。②③
- 在同一個鑄鐵平底鍋，放入蒜泥爆香。香味竄出後，放入三色彩椒丁拌炒。④⑤
- 接著，放入蝦子炒熟後，加入鹽、胡椒粉、雞粉快炒至入味，即可起鍋。⑥

把餐廳美味帶回家！在家也能做經典蝦料理 ■

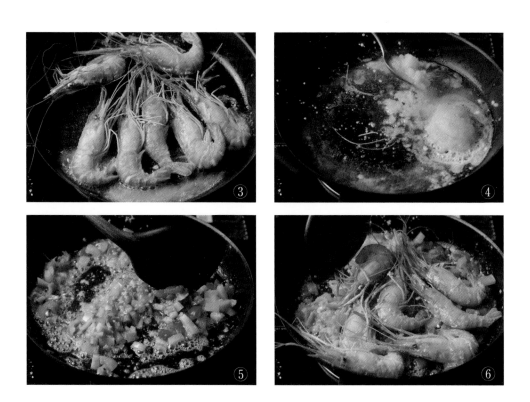

把餐廳美味帶回家！在家也能做經典蝦料理

# 黑啤酒烤蝦

## 酒香醇厚，提升風味

黑啤酒與一般常見金黃色啤酒的差別來自於釀造的過程中加入了「巧克力麥芽」，因此最後烹調出是逼近黑色。也因製成手法的不同，黑啤擁有更豐富、醇厚、甚至是焦苦味的口感，搭配上較為重口味的料理，如：牛肉、雞翅、重調味的蝦會更能提升菜色的層次。

**適用蝦種**

· 泰國蝦、草蝦、白蝦、明蝦

## 材料：（2 人份）

· 泰國蝦 1 斤（約 9 ～ 10 隻）
· 洋蔥絲 60 克
· 青蔥段 30 克
· 黑啤酒 200cc
· 奶油 30 克
· 鹽 1 小匙
· 白胡椒粉 1/2 小匙

**料理步驟:**

**1. 準備材料**
- 冷凍泰國蝦先用流動水沖洗至每隻蝦分開,瀝乾水分。
- 將洋蔥去皮、青蔥洗淨瀝乾,洋蔥切絲、青蔥切段,並與其它配料備齊。①

**2. 烹調料理**
- 選取可放入烤箱的平底鍋,放入洋蔥絲、青蔥段鋪底,再排入蝦子。②③
- 接著,倒入黑啤酒,放入奶油、鹽和白胡椒粉調味。④⑤
- 然後以錫箔紙包緊平底鍋,再放入預熱好的烤箱中,以 200°C 烤約 25 分鐘即可。⑥⑦

把餐廳美味帶回家！在家也能做經典蝦料理 ■

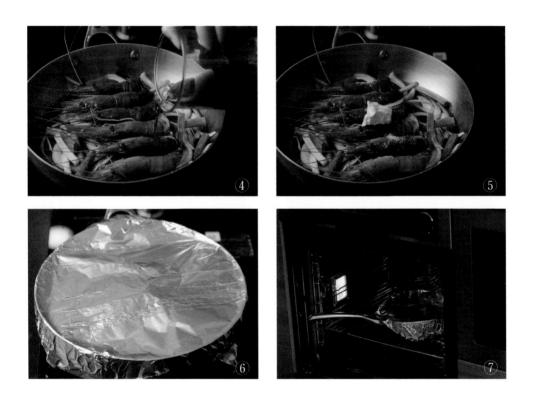

# 檸檬香蒜大蝦

## 大人小孩都愛的酸甜滋味

活蝦餐廳必點的經典菜餚之一，酸酸甜甜的醬汁，不管大人小孩都會愛上。沾上一口蝦肉，或是澆在白飯上，都令人大飽口福。

影片示範

## 適用蝦種

· 泰國蝦、草蝦、白蝦

## 材料：（2 人份）

· 泰國蝦 1 斤（約 9 ～ 10 隻）
· 米酒 150ml
· 蒜末 30 克
· 白砂糖 100 克
· 胡椒粉 5 克
· 檸檬汁 125ml
· 裝飾用｜檸檬片 適量

**料理步驟：**

**1. 準備材料**
- 冷凍泰國蝦先用流動水沖洗至每隻蝦分開，瀝乾水分。
- 將所有食材備好，蒜頭洗淨瀝乾、去皮切成末。檸檬洗淨瀝乾、切片備用。①

**2. 烹調料理**
- 在不銹鋼炒鍋倒入一大匙蝦油，放入蝦子，讓蝦子盡量貼近鍋底煎至 5 分熟。②③
- 倒入米酒及蒜末，轉小火拌炒至蝦子九分熟。④⑤
- 將白砂糖、胡椒粉及檸檬汁，倒入鍋中拌炒至入味。⑥
- 盛入盤中後，放上檸檬片點綴，即可上桌。

把餐廳美味帶回家！在家也能做經典蝦料理 ■

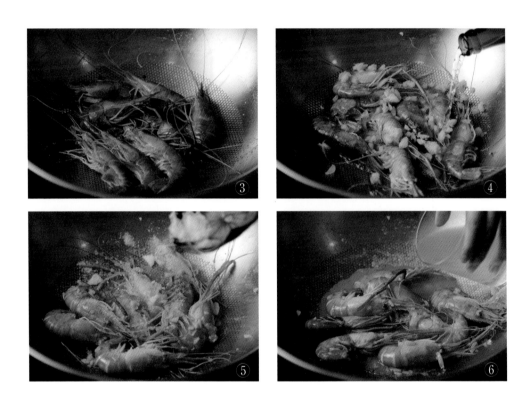

# 避風塘炒蝦

## 配飯、下酒神料理

避風塘的起源於香港專門用來讓漁船躲避颱風的港灣，當時有許多以水為家的漁民身處該處，因而延伸出的飲食習慣。蒜粒（末）和香辣味是避風塘炒蝦／蟹的一大特點。

把餐廳美味帶回家！在家也能做經典蝦料理

影片示範

**適用蝦種**

· 泰國蝦、草蝦、白蝦

## 材料：（2 人份）

· 泰國蝦 1 斤（約 9 ～ 10 隻）
· 蒜末 50 克
· 紅蔥頭 3 ～ 4 瓣
· 乾辣椒 4 ～ 5 根
· 花椒粒 1 小匙
· 橄欖油 2 大匙
· 中筋麵粉 100 克
· 蝦油 2 大匙
· 米酒 120ml
· 鹽 1 匙

**料理步驟：**

## 1. 準備材料

- 冷凍泰國蝦先用流動水沖洗至每隻蝦分開，瀝乾水分。①
- 蒜頭、紅蔥頭洗淨瀝乾、去皮切成末。乾辣椒剪小段，備用。②

## 2. 烹調料理

- 起一油鍋，將蒜末倒入鍋中，開小火邊攪拌待蒜末變金黃色即可，起鍋備用。③④
- 將蝦身兩面沾上麵粉，入鍋煎至蝦身轉紅，起鍋備用。⑤⑥
- 另起油鍋，放入蝦油、紅蔥頭末、乾辣椒、花椒粒爆炒出香味。⑦⑧
- 加蝦子拌炒，並倒入米酒燜煮至熟後加鹽調味。最後，加入剛炸好的蒜酥拌勻即可上桌享用。⑨⑩

把餐廳美味帶回家！在家也能做經典蝦料理 ▉

# 紅顏滋補醉蝦

## 迷人酒香，享受好食光

　　保健養生就從食物吃起，利用藥材去寒排濕的特性，煮出酒香風味後放入蝦子浸泡，也不含一滴油，是道輕鬆健康無負擔的小菜，建議做完隔天再享用，更入味好吃。

**適用蝦種**
・泰國蝦、草蝦、白蝦

## 材料：（2 人份）

・泰國蝦 1 斤（約 9 ～ 10 隻）
・老薑 5 片
・蔘鬚、桂枝、枸杞、當歸各 2 錢
・黃耆 5 錢
・紅棗 6 粒
・紹興酒 400ml
・高粱酒 50ml
・開水 1100ml
・鹽 1 匙

**料理步驟：**

**1. 準備材料**

- 冷凍泰國蝦先用流動水沖洗至每隻蝦分開，瀝乾水分。
- 將所有食材備好，薑洗淨瀝乾，切片備用。藥材與酒類秤量好備用。①

**2. 烹調料理**

- 起一鍋 1100ml 開水煮沸，放入蔘鬚、黃耆、桂枝、紅棗、枸杞、當歸，用小火煮 30 分鐘，濾出藥材後將藥汁放涼。②③
- 另起一鍋水煮滾，先放入薑片、鹽，再放入蝦子，用大火煮熟後撈出並泡入冰水中。④⑤
- 泡涼後，再將蝦子放入藥汁中浸泡，再倒入紹興酒及高粱酒拌勻，連同湯汁放入玻璃保鮮盒置冰箱冷藏一至兩天入味，享用時風味更佳。⑥

# 沙茶鮮蝦寬粉煲

## 一鍋到底，輕鬆做大菜

想要請客、想要氣勢滂礴、但又不想要太麻煩的時候，粉絲煲一定是我首選菜色的前三名，入味的粉絲、優質的蛋白質，大人小孩都愛吃，重點是！一鍋到底，非常的方便。

影片示範

**適用蝦種**

· 泰國蝦、草蝦、白蝦

## 材料：（2 人份）

· 泰國蝦 1 斤（約 9 ～ 10 隻）
· 洋蔥 1 顆
· 青蔥 1 支
· 蒜末 1 大匙
· 寬粉絲 2 把
· 嫩豆腐 1 盒
· 開水 1500ml
· 沙茶醬 3 大匙
· 醬油膏 5 大匙
· 鹽、胡椒粉、糖各 1/2 小匙
（依各人口味增減）
· 裝飾用｜香菜 適量

**料理步驟：**

**1. 準備材料**

- 冷凍泰國蝦先用流動水沖洗至每隻蝦分開，瀝乾水分。①
- 將所有食材備齊後，洋蔥、青蔥洗淨瀝乾，去皮切細絲，青蔥切段，備用。②
- 蒜頭洗淨瀝乾、去皮切成末。寬粉絲泡軟、嫩豆腐切片。

**2. 烹調料理**

- 預先調料：準備 1500ml 開水，依序放入沙茶醬、醬油膏、魚露及蒜末，攪拌均勻備用。③④⑤
- 準備一砂鍋，先放入泡軟的寬粉絲、洋蔥絲、蔥段，豆腐片以及泰國蝦。⑥⑦⑧
- 最後，淋上預先調料，開中火烹煮沸後，轉小火烹煮 10 ～ 15 分鐘至粉絲熟並入味，可依各人喜好增加鹹甜口味及香菜點綴。⑨

# 西班牙香蒜蝦

## 在家就能做異國料理

西班牙屬環地中海的國家之一，深受地中海飲食文化影響，常見會以大量的橄欖油、海鮮、蔬菜葉子、堅果、水果等食材入菜。2022 年剛好有機會去一趟西班牙，菜單上的這道菜是「Spanish Garlic Shrimp」，是道國民小菜，而且每間餐廳的做法會有些許的不同，但主要會以大量的橄欖油、大蒜（蒜片或是蒜末）、蝦、些許的煙燻辣椒粉作為點綴，佐以歐式麵包，在晚餐時間配上白酒就是完美的一餐。

影片示範

把餐廳美味帶回家！在家也能做經典蝦料理

**適用蝦種**

· 泰國蝦、草蝦、白蝦

## 材料：（2 人份）

· 泰國蝦 1 斤（約 9 ～ 10 隻）
· 蒜頭 10 瓣
· 乾辣椒 5 ～ 6 根
· 初榨橄欖油 3 大匙
· 鹽、胡椒粉各 1/2 匙
· 紅椒粉、巴西里各 1/2 匙
　（依各人喜好增減）
· 裝飾用｜切片法國麵包

**料理步驟：**

**1. 準備材料**
- 冷凍泰國蝦先用流動水沖洗至每隻蝦分開，瀝乾水分。
- 將所有食材備齊，蒜頭洗淨瀝乾，去皮切片備用、乾辣椒剪小段。①
- 將蝦頭、蝦殼剝掉，留著蝦尾備用。

**2. 烹調料理**
- 準備一只平底鐵鍋，倒入橄欖油、蒜片及乾辣椒，開小火煎炸至蒜片金黃色後，撈起備用。③④
- 接著在相同的鍋中放入蝦仁拌炒，加調味料炒香。⑤⑥⑦
- 再把炸好的蒜片、乾辣椒倒回鍋中，與蝦仁快速拌勻後關火即可盛盤，建議搭配切片法國麵包一起吃。⑧⑨

把餐廳美味帶回家！在家也能做經典蝦料理 ■

# 泰式酸辣蝦湯
# （冬陰功）

## 注入蝦湯靈魂的美味

　　在泰國，不論是路邊攤或是米其林餐廳，都有這麼一碗冬陰功，南薑、香茅、檸檬葉三大冬陰功的元素，讓平凡無奇的水，變成富有靈魂和泰式風情的湯，也是我非常喜愛的一道料理。

影片示範

### 適用蝦種

· 泰國蝦、草蝦、白蝦

### 材料：（2 人份）

· 泰國蝦 1 斤（約 9 ～ 10 隻）
· 紅蔥頭 2 瓣
· 小番茄 8 顆
· 綜合菇類 1 把
· 乾燥香茅碎 2 支
· 檸檬葉粉 1 大匙
· 南薑 3 片
· 辣椒 1 根
· 泰式辣椒醬 1 大匙
· 雞高湯 500 ml
· 開水 300ml
· 魚露 2 大匙
· 鹽適量
· 裝飾用｜香菜適量

**料理步驟：**

**1. 準備材料**

- 冷凍泰國蝦先用流動水沖洗至每隻蝦分開，瀝乾水分。
- 紅蔥頭洗淨瀝乾，去皮切末。小番茄洗淨去蒂頭，對半切備用。辣椒洗淨切末。
- 綜合菇類用廚房紙巾擦拭乾淨；將其他調味料準備好。①

**2. 烹調料理**

- 使用鑄鐵平底鍋，放入一大匙油爆炒紅蔥頭末、乾燥香茅碎及南薑片。②③
- 竄出香味後，放入小番茄、辣椒末及檸檬葉粉稍微拌炒。④⑤
- 放入雞高湯及開水，煮沸後依序放入魚露、泰式辣椒醬、鹽，熬煮湯頭。⑥⑦⑧
- 加入綜合菇類及蝦子煮熟，即可盛起食用。⑨⑩⑪

把餐廳美味帶回家！在家也能做經典蝦料理 ■

# PART 04

## 大人小孩都愛的好滋味!
### 家常蝦料理

大人小孩都愛的好滋味！家常蝦料理 ■

【一鍋主食】

# 蝦油雞蛋拌麵

## 淋上蝦油讓乾麵更鮮香

近年流行乾拌麵，是忙碌的人快速吃飯很好的選擇，為了補充營養，別忘了，優質蛋白質的補充也是需要的，蝦仁和雞蛋也可以在短時間內烹煮完成，淋上蝦油讓整碗麵的香氣再提升一個檔次，讓人大喊「好好味」！

**適用蝦種**
・泰國蝦仁、草蝦仁、白蝦仁

## 材料：（2 人份）
・泰國蝦仁（約 20 ～ 30 隻）
・麵條 2 包
・蝦油、醬油 2 大匙
・雞蛋 2 顆
・油蔥酥 1 大匙
・蔥花 1 大匙

**料理步驟：**

## 1. 準備材料

- 冷凍泰國蝦先用流動水沖洗至每隻蝦分開，瀝乾水分剝除蝦頭、蝦殼。①
- 多餘蝦殼可以炸出蝦油，過濾備用。（詳細作法請見 P36）②③

## 2. 烹調料理

- 準備一鍋沸騰熱水，先放入蝦仁汆燙，燙熟後撈起備用。接著，放入麵條汆燙至熟撈起放入碗中。④⑤
- 在麵條碗中，依序放入蝦油、醬油、油蔥酥，攪拌均勻。⑥⑦⑧
- 起一油鍋，從鍋邊打入雞蛋，並立刻轉小火，隨喜好煎出荷包蛋的熟度。⑨
- 接著，放入荷包蛋、蝦仁及蔥花點綴，即可享用。⑩⑪⑫

大人小孩都愛的好滋味！家常蝦料理

# 黃金蝦油炒飯

## 蝦油提點讓炒飯濃郁鮮美

炒飯的關鍵在於粒粒分明的飯與鍋氣,這道菜步驟 ② 和 ③ 就是蝦油炒飯的靈魂,也是炒飯乾爽不粘膩的精髓。有人說:「用一般的油炒飯可以嗎?」當然也是沒問題的,但就像前一篇所說,改用蝦油會讓料理的風味更增添豐富度與厚度。

**適用蝦種**
‧ 泰國蝦仁、草蝦仁、白蝦仁

**材料:(2 人份)**
‧ 泰國蝦仁(約 20 ～ 30 隻)
‧ 蝦油 2 大匙
‧ 白飯 2 碗
‧ 雞蛋 2 顆
‧ 油蔥酥 1 大匙
‧ 蒜頭 2 瓣
‧ 鹽 1 匙

**料理步驟：**

**1. 準備材料**

- 冷凍泰國蝦仁先用流動水沖洗至每隻蝦仁分開，瀝乾水分。
- 若有多餘的蝦殼可以炸出蝦油，過濾備用。（詳細作法請見 P36）
- 準備隔夜白飯。蒜頭洗淨去皮切末，備用。①

**2. 烹調料理**

- 隔夜飯打蛋液下去和飯抓勻，備用。②
- 準備一只不銹鋼炒鍋，倒入蝦油，放入蒜末爆香。③④
- 放入蝦仁拌炒，放入蛋液飯快速炒散，使飯粒分明。⑤⑥
- 最後放入油蔥酥和鹽調味，拌勻即可起鍋享用。⑦

大人小孩都愛的好滋味！家常蝦料理 ■

【一鍋主食】

# 椰奶鮮蝦粥

## 偶爾來點異國主食，讓餐桌更豐盛

　　南洋風情的鮮蝦粥有別於平常台式的清粥小菜有不一樣的風味，撰寫這篇食譜時，剛好適逢寒流來襲，連高雄也只有 13 ～ 14 度，有魚露和椰奶的加入讓整個餐桌都溫暖起來。

### 適用蝦種

· 泰國蝦仁、草蝦仁、白蝦仁

### 材料：（2 人份）

· 泰國蝦仁（約 20 ～ 30 隻）
· 薑絲 1 大匙
· 雞蛋 2 顆
· 白飯 2 碗
· 冬菜 2 匙
· 蔥花 1 大匙
· 芹菜丁 1 大匙
· 高湯 500ml
· 糖 1/2 小匙
· 魚露 1 大匙
· 白醋 1/2 小匙
· 椰奶 1 小匙

**料理步驟：**

**1. 準備材料**
- 冷凍泰國蝦仁先用流動水沖洗至每隻蝦仁分開，瀝乾水分。
- 薑洗淨切細絲、青蔥洗淨切末、芹菜洗淨切去掉葉子切末，備用。
- 另外準備隔夜白飯、高湯、冬菜、椰奶及魚露等配料。①

**2. 烹調料理**
- 取一只湯鍋，放入高湯，白飯及薑絲煮滾。②③④
- 接著，放入蝦仁、蛋液轉小火煮沸。⑤
- 加入糖、魚露、白醋、冬菜，繼續拌煮至蝦仁熟透。⑥⑦⑧
- 關火後倒入椰奶，即可撒上蔥花、芹菜末，即可享用。⑨

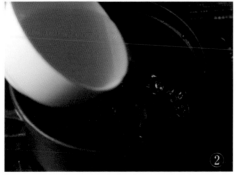

大人小孩都愛的好滋味！家常蝦料理 ■

【一鍋主食】

# 豆乳蝦仁燕麥粥

## 5分鐘完成！早餐真美味

有一陣子的早餐很喜歡各式燕麥粥，不管是甜口（喜歡香蕉巧克力味）還是鹹口的，看著燕麥脹大的過程總是特別療癒。加入蝦仁、打顆雞蛋也是起床後 5 分鐘就可以完成的早點，整碗下肚後為當天的工作開啟精力充沛的一天！

### 適用蝦種

· 泰國蝦仁、草蝦仁、白蝦仁

### 材料：（2 人份）

· 泰國蝦仁（約 20 ～ 30 隻）
· 燕麥 100 克
· 豆漿 800ml
· 雞蛋 1 顆
· 薑絲 5 公克
· 蔥絲 5 公克
· 鹽 1/4 茶匙
· 白胡椒 1/2 茶匙
· 香油 1/2 茶匙

**料理步驟：**

**1. 準備材料**

- 冷凍泰國蝦仁先用流動水沖洗至每隻蝦仁分開，瀝乾水分。
- 把所有食材準備好後，薑、青蔥洗淨瀝乾切絲，備用。①

**2. 烹調料理**

- 取一只湯鍋，放入燕麥片及豆漿，開小火邊攪拌待煮滾。②③④
- 放入蝦仁、蛋液續煮約 10 分鐘。⑤⑥⑦
- 加入鹽、胡椒粉、香油調味，最後撒上蔥絲、薑絲，即可盛碗享用。
  ⑧⑨

大人小孩都愛的好滋味！家常蝦料理

【一鍋主食】

# 滑蛋蝦仁蓋飯

## 滑嫩口感搭配 Q 彈蝦仁，小孩最愛

　　每每到家庭式的日料餐廳用餐，都會看到爸爸媽媽點這道菜給小孩，嫩嫩的蛋和小巧的蝦仁，配上海苔點綴，應該是沒有人可以抵擋這個誘惑，自己試試才發現原來這麼簡單！

## 適用蝦種

・泰國蝦、草蝦、白蝦

## 材料：（2 人份）

・泰國蝦仁（約 20 ～ 30 隻）
・白飯 2 碗
・蝦油 1 大匙
・青蔥 1 支
・雞蛋 5 顆
・太白粉水：粉 1 大匙、開水 2 大匙
・鹽 1 小匙
・芝麻香鬆 1 匙
・裝飾用｜海苔片 1 片

**料理步驟：**

**1. 準備材料**
- 冷凍泰國蝦仁先用流動水沖洗至每隻蝦仁分開，瀝乾水分。
- 若有多餘的蝦殼可以炸出蝦油，過濾備用。（詳細作法請見 P36）
- 青蔥洗淨切末、打蛋於碗中，備用。
- 將所有食材備好，準備煮好的白飯。①

**2. 烹調料理**
- 準備一只鑄鐵炒鍋，倒入蝦油、蝦仁拌炒。將太白粉和少許的水拌勻，關火加入太白粉水。②③
- 開火待太白粉水煮沸後，倒入蛋液。用菜鏟將蛋液往中間慢慢推，炒至蛋液稍微凝固。④⑤⑥
- 拌炒至蝦仁熟，蛋液不用全熟。盛起蓋上白飯，撒芝麻香鬆及海苔絲，即可食用。⑦⑧

大人小孩都愛的好滋味！家常蝦料理

■

【一鍋主食】

# 西西里番茄鮮蝦燉飯

## 米飯 Q 彈帶勁，香濃入味

2013 年，我在 Paul（法國麵包甜點沙龍）的廚房工作，那時候學會了燉飯的作法，我建議選用義大利米或是日本壽司米會是比較接近的口感；然而，要煮成好吃的燉飯，米心不能完全熟透，還要帶一點嚼勁，成功的關鍵在於耐心，一匙一匙加入熱高湯，待米吸飽了湯汁再加，反覆直到你想要的口感就能完成。

### 適用蝦種

· 泰國蝦、草蝦、白蝦

### 材料：（2 人份）

· 泰國蝦仁（約 20 ～ 30 隻）
· 蒜頭 2 瓣
· 洋蔥 1/2 顆
· 綠花椰 1/4 顆
· 牛番茄 1 顆
· 無水番茄醬 2 大匙
· 生米 150 克
· 高湯 500ml
· 鹽、黑胡椒各 1/2 小匙

**料理步驟：**

**1. 準備材料**
- 冷凍泰國蝦仁先用流動水沖洗至每隻蝦仁分開，瀝乾水分。
- 蒜頭洗淨去皮切末；洋蔥洗淨去皮切丁。
- 番茄洗淨去蒂切丁、綠花椰菜洗淨後切小朵，將所有食材備用。①

**2. 烹調料理**
- 取一只平底鍋，加入少許沙拉油，蒜末、洋蔥丁炒香，加入無水番茄醬及白米以小火炒勻。②③④
- 倒入高湯，以小火持續拌炒至米飯熟後呈起，備用。⑤⑥
- 在原鍋放入蝦仁、番茄丁、綠花椰菜及調味料炒熟。⑦⑧⑨
- 最後放入番茄飯，續以小火燉煮約 1 分鐘即完成。⑩

③ ④ ⑤ ⑥ ⑦ ⑧ ⑨ ⑩

【一鍋主食】

# 麻油鮮蝦麵線

## 冷天來一碗暖身又暖心

大人小孩都愛的好滋味！家常蝦料理 ■

大學時期在台北念書，冬天的台北跟高雄截然不同，差別在於「會下雨」！讓體感溫度直接驟降 3 ～ 4 度，這個時候都會特別想喝熱湯來暖暖身體，尤其是麻油蝦湯麵線是我離家時很懷念的媽媽菜，這道料理至少吃了 15 年。

**影片示範**

**適用蝦種**

· 泰國蝦、草蝦、白蝦

## 材料：（2 人份）

· 泰國蝦 1 斤（約 9 ～ 10 隻）
· 薑片 5 ～ 6 片
· 麻油 2 大匙
· 蝦油 1 大匙
· 米酒 100ml
· 開水 500ml
· 麵線 2 把
· 鹽 1/2 匙

**料理步驟：**

**1. 準備材料**

- 冷凍泰國蝦先用流動水沖洗至每隻蝦分開，瀝乾水分。
- 薑洗淨瀝乾切片，並把所有食材備用。①

**2. 烹調料理**

- 準備一只鑄鐵平底鍋，放入麻油及薑片爆香至竄出香味後，倒入蝦油。②③
- 放入蝦子拌炒至半熟，放入米酒及開水淹過蝦子。⑤⑥⑦
- 待煮沸後，加入麵線煮熟，即可上桌享用。⑧

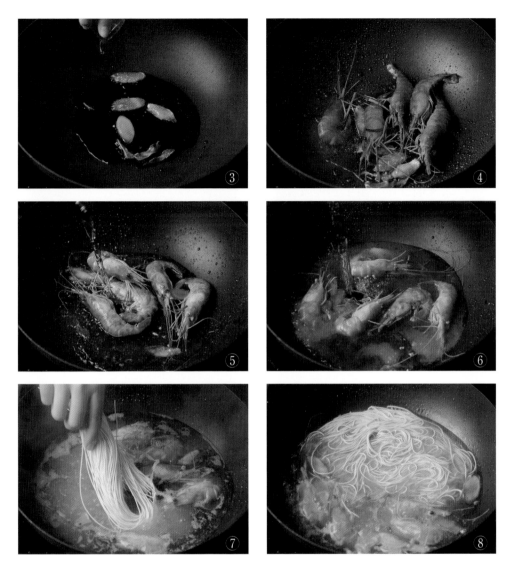

【一鍋主食】

# 蝦仁豬肉咖哩飯

## 段家招牌好菜，讓蝦仁注入靈魂

「我家的咖哩飯跟其他家不一樣！」每次都很自豪地講出加蝦仁的咖哩飯就是段媽媽的招牌好菜，也是我從小吃到大的家庭料理，料比飯多是一大亮點！不管是要用日式風味偏甜的咖哩塊或是南洋風味的咖哩粉，加入蝦仁就是靈魂！

大人小孩都愛的好滋味！家常蝦料理 ■

**影片示範**

**適用蝦種**
· 泰國蝦、草蝦、白蝦

## 材料：（2 人份）

· 泰國蝦仁（約 20 ～ 30 隻）
· 紅蘿蔔 1 根
· 洋蔥 1 顆
· 馬鈴薯 1 顆
· 青蔥 1 支
· 豬里肌肉 200 克
· 咖哩塊 2 小塊
· 太白粉水：粉 2 大匙、開水 1 大匙
· 白飯 2 碗

**料理步驟：**

**1. 準備材料**

- 冷凍泰國蝦仁先用流動水沖洗至每隻蝦仁分開，瀝乾水分。
- 紅蘿蔔、洋蔥、馬鈴薯洗淨削皮，切成適口大小備用；青蔥洗淨切末，備用。
- 豬肉洗淨用廚房紙巾擦拭乾淨，切成適口大小的塊狀。
- 準備一只碗，放入太白粉和水攪拌均勻，備用。
- 將所有食材備好及煮好的白飯。①

**2. 烹調料理**

- 準備一只鑄鐵鍋，倒入食用油、洋蔥拌炒出香味。②③
- 接著，將馬鈴薯和紅蘿蔔下鍋炒香，倒入開水淹過食材。④⑤
- 待煮滾後，轉小火放入咖哩塊持續攪拌均勻。⑥
- 依序放入豬里肌肉及蝦仁，持續攪拌至食材全熟。⑦⑧
- 保持小火，用湯勺在鍋中繞圈，形成漩渦，再將芡水慢慢倒入鍋中拌勻即可。⑨⑩

①

②

# 甜蜜蜜鳳梨蝦球

## 香甜滋味，讓孩子多吃好幾碗飯

　　我很少在外面吃鳳梨蝦球，原因是常常會吃到麵粉殼比蝦仁還要大的蝦球，自己做的蝦球除了可以控制粉量，也可以控制美乃滋的多寡，而且做法比想像中的簡單！學會做蝦球就可以搭配許多不同的醬汁做呈現！

影片示範

**適用蝦種**
· 泰國蝦仁、草蝦仁、白蝦仁

## 材料：（2 人份）

· 泰國蝦仁（約 20 ～ 30 隻）
· 鹽 1/4 匙
· 雞蛋 2 顆
· 太白粉 50 克
· 地瓜粉 200 克
· 美乃滋 30 克
· 鳳梨罐頭 300 克

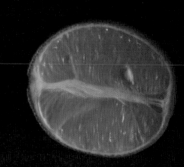

**料理步驟：**

**1. 準備材料**

- 冷凍泰國蝦仁先用流動水沖洗至每隻蝦仁分開，瀝乾水分。
- 罐頭鳳梨片切四段。準備好太白粉、地瓜粉及雞蛋等配料。①

**2. 烹調料理**

- 準備炸蝦球：先將太白粉、蛋液、地瓜粉分開放好。
- 將蝦仁開背取腸泥洗淨、擦乾後，依序沾裹太白粉→蛋液→地瓜粉，備用。②③④⑤
- 起一油鍋先以120～150度的中油溫，放入蝦仁炸熟、成型，約3～4分鐘，蝦仁轉變金黃色起鍋。接著，再轉大火二度回炸，將蝦仁炸熟撈起，將內部多餘的油逼出，起鍋備用。⑥⑦
- 拌炒鳳梨蝦球：鍋中放少許的油，倒入鳳梨片及蝦球。⑧
- 淋上美乃滋、鳳梨汁拌炒均勻後，即可上桌享用。⑨⑩

①

②

大人小孩都愛的好滋味！家常蝦料理 ■

【小孩最愛】

# 焗烤起司大蝦

## 在家也能端出豪華大蝦

　　喜宴上常出現的焗烤龍蝦，自己也可以在家裡做，將蝦子剖半，蓋上起士絲即可，也是簡單就能上桌的視覺豪華料理。

影片示範

適用蝦種
・泰國蝦、草蝦、明蝦

材料：（2 人份）
・泰國蝦（約 4～6 隻）
・披薩用乳酪絲 100 克

**料理步驟：**

**1. 準備材料**

- 冷凍泰國蝦先用流動水沖洗至每隻蝦分開，瀝乾水分。
  另外準備披薩用乳酪絲，備用。①

**2. 烹調料理**

- 以刀尖朝蝦頭跟蝦身連接處往上、往下剖半，不要切斷。②③
- 因為泰國蝦殼較硬，可以用手稍微把蝦子掰開，再鋪上乳酪絲。
  ④⑤
- 烤箱上下火全開，約220度，預熱5分鐘後再放蝦子，烤約15分鐘。
  ⑥⑦
- 烤至蝦子變紅及乳酪融化呈現金黃色即可上桌。

④

⑤

⑥

⑦

【小孩最愛】

# 培根大蝦捲

## 鹹香培根讓蝦肉更提鮮

有些人不喜歡吃泰國蝦的原因，是因為泰國蝦本身沒什麼味道（因為是淡水蝦）所以必須要搭配比較重口味的調料。剛好培根就是很適合和泰國蝦「送作堆」，配上培根本身的油脂，在烘烤的過程中會沾附在蝦身上，一口下去有蝦肉又有培根，是一種絕妙的口感搭配。

**影片示範**

## 適用蝦種

· 泰國蝦、草蝦、明蝦

## 材料：（2 人份）

· 泰國蝦（約 4 ～ 6 隻）
· 培根 4 ～ 6 片
· 芝麻香鬆 1 匙

**料理步驟：**

**1. 準備材料**
- 冷凍泰國蝦先用流動水沖洗至每隻蝦分開，瀝乾水分。① 另外準備培根片及芝麻香鬆備用。②

**2. 烹調料理**
- 從蝦頭跟蝦身連接處，開始剝蝦殼，保留蝦尾。③④
- 用培根把蝦身捲起來。⑤⑥
- 以烤箱的半蒸烤模式以 180°C 預熱，蒸烤 10 ～ 15 分鐘。⑦
- 烤到培根微焦就可以出爐了，撒上芝麻香鬆增添風味。⑧

⑤

⑥

⑦

⑧

【無油煙料理】

# 香橙酪梨蝦沙拉

## 橙香搭配酪梨蝦仁，清爽鮮美

酪梨富含不飽和脂肪酸和 Omega3 脂肪酸，具降低心血管疾病風險及抗氧化功能，礦物質、維生素含量也高，能降低血壓、預防中風，堪稱超級食物之一。唯一要注意的是酪梨切開後容易氧化變黑，讓食物看起來比較沒那麼美觀，記得要使用時再切開喔！

**適用蝦種**

· 泰國蝦仁、草蝦仁、白蝦仁

## 材料：（2 人份）

· 泰國蝦仁（約 20 ～ 30 隻）
· 新鮮生菜 2 ～ 3 種
· 酪梨 1 顆
· 柳橙 1 顆
· 原味優格 3 大匙
· 鹽 1/6 茶匙
· 細砂糖 1 大匙

**料理步驟：**

**1. 準備材料**
- 冷凍泰國蝦先用流動水沖洗至每隻蝦分開，瀝乾水分。
- 將所需的食材備好。新鮮生菜洗淨瀝乾，切成適口大小備用。①

**2. 烹調料理**
- 蝦仁放入滾水汆燙至熟，撈起過一下冰塊水，備用。②
- 酪梨洗淨對切，去皮去籽後切成厚約 0.2 公分的厚片；柳橙洗淨去皮對切後，切成厚約 0.2 公分的厚片。③
- 準備小碗放入原味優格、鹽和細砂糖拌勻備用。④
- 最後，準備一個有深度的大盤子，依序放入新鮮生菜、酪梨片、柳橙片及蝦仁放至盤上，享用前淋上優格醬汁即可。

②

③

④

【無油煙料理】

# 地中海起司蝦沙拉

## 濃郁起司搭配蝦沙拉別有風味

第一次遇見 Ricotta Cheese 是我在美味星廚時期的好夥伴歐家瑋教我的，就是用簡單的牛奶遇酸後蛋白質會變性的原理，製成 Cheese。除了沙拉之外，也可以在起士拼盤、配上蘇打餅乾、淋上楓糖漿享用。

**適用蝦種**
・泰國蝦仁、草蝦仁、白蝦仁

**材料：（2 人份）**

・泰國蝦仁（約 20 ～ 30 隻）
・新鮮生菜 2 ～ 3 種
・牛番茄 1 顆
・大黃瓜 1/3 顆
・瑞可達起士（Ricotta Cheese）：檸檬汁 100ml、牛奶 1000 ml
・紅酒油醋醬：橄欖油、紅酒醋各 50ml；鹽、胡椒粉各 1 小匙
・綜合堅果 1 小把

**料理步驟：**

**1. 準備材料**

- 冷凍蝦先用流動水沖洗至每隻蝦分開，去蝦頭和蝦殼備用。
  （不需太久）
- 新鮮生菜洗淨瀝乾，切成適口大小備用。
- 牛番茄洗淨去蒂切塊；大黃瓜洗淨瀝乾切薄片，將所有食材備用。①

**2. 烹調料理**

- 自製瑞可達起士（Ricotta Cheese）：將牛奶加熱至鍋邊冒泡後熄火，
  再倒入檸檬汁靜置約 10 ～ 15 分鐘後牛奶即會結塊。利用紗布過濾水
  分後，結塊的部分就是瑞可達起士。②③④⑤
- 製作紅酒油醋醬：取一小碗放入紅酒醋及橄欖油，拿打蛋器攪拌均勻，
  再放鹽及胡椒調味後，備用。⑥⑦⑧⑨⑩
- 蝦仁放入滾水汆燙至熟，撈起過一下冰塊水，備用。⑪
- 最後，準備有深度的大盤子，依序放入新鮮生菜、牛番茄、大黃瓜片
  及蝦仁放至盤上，撒上堅果，享用前淋上紅酒油醋醬汁，即可。

## 【無油煙料理】
# 優格咖哩蝦仁沙拉
### 讓醬汁多點變化，回味異國美食

第一次吃印度菜就是在泰國的 PP 島上，拉西（Lassi）是印度以優格為基底的經典飲料，有分甜拉西和鹹拉西，而這道優格咖哩蝦就是由這印度風味的菜系發想出來，使用優格配上咖哩、辣椒粉調製醬汁，讓沙拉有不一樣的風味。

### 適用蝦種

· 泰國蝦仁、草蝦仁、白蝦仁

### 材料：（2 人份）

· 泰國蝦仁（約 20 ～ 30 隻）
· 新鮮生菜 2 ～ 3 種
· 原味優格 80 公克
· 咖哩粉 1 大匙
· 辣椒粉 1 小匙
· 檸檬汁 1 小匙
· 香菜末 1 小匙

**料理步驟：**

**1. 準備材料**

- 冷凍蝦仁先用流動水沖洗至每隻蝦分開，備用。（不需太久）
- 將所需食材備好，新鮮生菜切成適口大小；香菜洗淨瀝乾切末，備用。①

**2. 烹調料理**

- 取一只碗，依序倒入原味優格、咖哩粉、辣椒粉、檸檬汁及香菜碎拌勻備用。②③④⑤⑥
- 蝦仁放入滾水汆燙至熟，撈起過一下冰塊水，備用。⑦
- 準備一個有深度的大盤子，依序放入新鮮生菜蝦仁放至盤上，享用前淋上優格咖哩醬汁即可。

④ ⑤ ⑥ ⑦

【無油煙料理】

# 果律蘑菇烤蝦

## 簡單食材，在家隨時都能吃烤串

大學時期的好姐妹畢業後就考上華航，看見她每次去夏威夷的時候就心生羨慕，熱情、繽紛、海邊就是構成夏威夷的主要元素，就像這道料理一樣，紅黃綠色的食材都可以做為料理，通通送入烤箱，或是烤肉時串起來炙燒，記得再加點鳳梨就是夏威夷的精髓了！

### 適用蝦種

· 泰國蝦仁、草蝦仁、白蝦仁

### 材料：（2 人份）

· 泰國蝦仁（約 6～10 隻）
· 薑末 5 公克
· 蘑菇 6 顆
· 青椒、紅椒各 25 公克
· 罐頭鳳梨片 25 公克
· 鹽 1/2 茶匙
· 黑胡椒粒 1 匙
· 橄欖油、檸檬汁、白酒各 1 大匙

**料理步驟：**

**1. 準備材料**

- 冷凍蝦仁先用流動水沖洗至每隻蝦仁分開，備用。（不需太久）
- 紅椒、青椒洗淨瀝乾，去蒂去籽切小塊；薑洗淨切末。
- 蘑菇用廚房紙巾擦乾淨切半，罐頭鳳梨片切四段，將所有食材備好。①

**2. 烹調料理**

- 準備鐵籤，依序將蘑菇、蝦仁、鳳梨片、紅椒、青椒串入，食材間要留一點空隙。②
- 串好之後在烤盤上排列好，撒上鹽、黑胡椒。③
- 倒入橄欖油、檸檬汁、白酒後，稍微翻動烤串，使調味料拌勻。④⑤
- 烤箱預熱上下火 220°C 後，將烤串放入烤箱中，烤約 5 分鐘至蝦仁熟即可。⑥

①

②

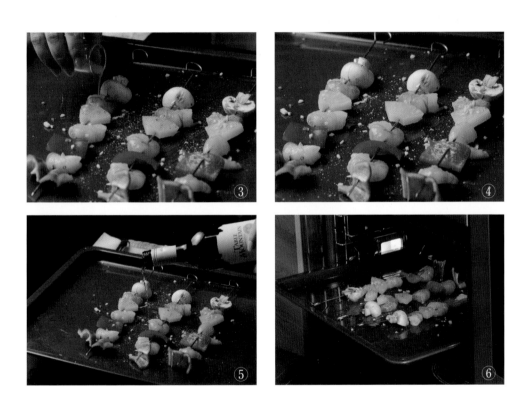

【下飯下酒菜】

# 泰香金沙蝦

## 鹹香滋味，忍不住一隻接一隻

有幾道菜色是去活蝦餐廳忍不住會點的，金沙大蝦就是其中之一，如果你是愛吃辣的朋友，建議再丟一些辣椒末下去，辣味也會讓你想要一隻接著一隻吃！

影片示範

**適用蝦種**

· 泰國蝦、明蝦、草蝦、白蝦

## 材料：（2 人份）

· 泰國蝦（約 9 ～ 10 隻）
· 蒜頭 3 ～ 4 瓣
· 鹹鴨蛋 3 顆

**料理步驟：**

**1. 準備材料**

- 冷凍泰國蝦先用流動水沖洗至每隻蝦分開，瀝乾水分。
- 蒜頭洗淨瀝乾、去皮切末。
- 鹹鴨蛋去殼，將蛋黃、蛋白分開皆切成小丁，將所有食材備好。①

**2. 烹調料理**

- 在不銹鋼炒鍋中放油，將蒜末放入爆香。
- 蒜頭炒香後放入鹹蛋黃，邊炒邊壓碎蛋黃，炒至起泡。接著放入鹹蛋白炒香。②③④
- 放入蝦子拌炒至蝦身轉紅後，蓋上鍋蓋燜煮至熟。⑤⑥
- 起鍋前再稍微拌均勻即可。⑦

## 【下飯下酒菜】

# 蒜辣金沙蝦球

## 享受外酥內 Q 彈的香辣滋味

金沙蝦球也是一個餐廳常見的料理，其實並不會太困難，技巧在於鹹蛋黃的沙是否細緻，可用刀面壓成泥再下鍋炒，會方便起泡和使用，學會之後都可以應用在任何的金沙系列菜色上。

影片示範

**適用蝦種**

· 泰國蝦仁、草蝦仁、白蝦仁

## 材料：（2 人份）

· 泰國蝦仁（約 20 ～ 30 隻）
· 鹹蛋黃 5 顆
· 鹹蛋白 1.5 顆
· 青蔥、辣椒各 1 支
· 蒜頭 3 瓣
· 麵粉 3 大匙
· 醬油 1 大匙
· 糖 2 小匙
· 鹽 1 匙
· 香油 1 小匙

**料理步驟：**

**1. 準備材料**

- 冷凍泰國蝦仁先用流動水沖洗至每隻蝦仁分開，瀝乾水分。
- 鹹鴨蛋去殼，將蛋黃、蛋白分開，皆切成小丁，備用。
- 將所有食材準備好，蒜頭洗淨瀝乾、去皮切末。青蔥、辣椒洗淨切末，備用。①

**2. 烹調料理**

- 將蝦仁兩面沾麵粉，並把多餘的粉抖掉。②
- 起一油鍋，放入蝦仁煎至蝦身轉紅，即可起鍋備用。③
- 另準備不銹鋼炒鍋，放入一大匙油燒熱，放入鹹蛋黃炒至起泡。④
- 加入鹹蛋白、蒜末、辣椒末拌炒至竄出香味。⑤⑥
- 放入蝦仁稍拌炒後，加入醬油、糖、鹽、香油調味拌勻。⑦⑧
- 起鍋前放入蔥末，即可盛盤享用。⑨

【下飯下酒菜】

# 高麗菜沙茶蝦

## 蔬菜搭配蝦子，增加鮮美脆甜

冬天的高麗菜鮮美脆甜，可以為一般的沙茶炒蝦增添蔬菜的甜味和鮮脆的口感，是段媽媽的招牌拿手菜，也是我從小吃到大的料理。

**影片示範**

**適用蝦種**

· 泰國蝦、草蝦、白蝦

## 材料：（2 人份）

· 泰國蝦（約 9 ～ 10 隻）
· 高麗菜 1/2 顆
· 蒜頭 3 瓣
· 青蔥 1 支
· 薑片 3 片
· 辣椒 1 支
· 沙茶醬 2 大匙

**料理步驟：**

**1. 準備材料**

- 冷凍泰國蝦先用流動水沖洗至每隻蝦分開，瀝乾水分。
- 高麗菜洗淨瀝乾，切成適口大小備用。
- 蒜頭洗淨瀝乾、去皮切片。薑洗淨切片備用。
- 將所有食材備好，辣椒、青蔥洗淨瀝乾，切末備用。①

**2. 烹調料理**

- 在不銹鋼炒鍋中放油，放入蒜片、薑片及辣椒末爆香。②
- 放入蝦子拌炒待蝦身轉紅，倒入沙茶醬炒至五分熟。③④
- 放入高麗菜，蓋上鍋蓋燜煮約兩分鐘至菜熟透後，再稍微拌勻收汁即可。（喜歡高麗菜口感軟一點的可以提早加！）⑤⑥⑦

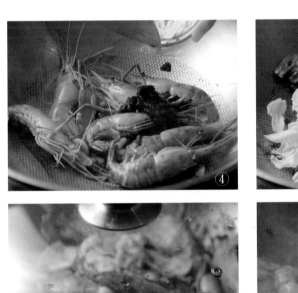

④

⑤

⑥

⑦

【下飯下酒菜】

# 美人菇起司炒蝦

## 菇與蝦的絕炒滋味

我有一個非常愛吃「菇」的朋友，姑且稱呼她為菇小姐。第一次跟她吃火鍋就發現她整鍋滿滿的香菇、秀珍菇、金針菇、杏包菇，待這些菇煮好之後會開始喝湯和煮其他料，基本上是無菇不歡，這道菜就是專門為喜歡菇菇的你設計。

**適用蝦種**
・ 泰國蝦、草蝦、白蝦

## 材料：（2 人份）

・ 泰國蝦（約 9 ～ 10 隻）
・ 蒜頭 2 瓣
・ 美人菇 1 包
・ 橄欖油、白酒各 1 大匙
・ 鹽 1 小匙
・ 起司粉 1 大匙

**料理步驟：**

**1. 準備材料**

- 冷凍泰國蝦先用流動水沖洗至每隻蝦分開，瀝乾水分。①
- 將所有需要食材備齊，蒜頭洗淨瀝乾，去皮切片；美人菇用廚房紙巾擦拭乾淨，剝成小朵備用。②

**2. 烹調料理**

- 在鑄鐵平底鍋先不放油，把美人菇稍微乾煎出香味。③
- 接著，加入橄欖油和蒜片一起炒香，放入蝦子拌炒。④⑤
- 倒入白酒、鹽炒勻，蓋上鍋蓋燜約 10 分鐘。⑥⑦
- 開鍋蓋檢查熟度，確定蝦子全熟，起鍋前撒上起司粉。⑧

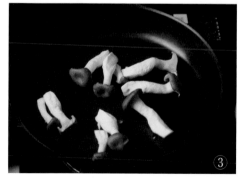

⑤

⑥

⑦

⑧

【香噴噴下飯菜】

# 迷管辣醬炒秋葵蝦仁

## 名店招牌菜，5分鐘快速上桌

這是我某次到餐廳用餐發現的菜色，把秋葵和蝦仁變成一口大小，再配上香辣的迷管醬（或 XO 干貝醬）淋在熱騰騰的白飯上，狂扒！這次食譜中的「迷管醬」是使用來自澎湖的迷你小管，簡稱迷管，是友人餐廳的招牌醬料。

**影片示範**

**適用蝦種**

・ 泰國蝦仁、草蝦仁、白蝦仁

## 材料：（2 人份）

・ 泰國蝦仁（約 20 ～ 30 隻）
・ 秋葵 10 根
・ 迷管辣椒 XO 醬 1 大匙
・ 豆瓣醬、鹽各 1 小匙
　（依個人口味增減）

**料理步驟：**

**1. 準備材料**

- 冷凍泰國蝦仁先用流動水沖洗至每隻蝦仁分開，瀝乾水分。
- 將所有需要食材備好，秋葵洗淨瀝乾水分，斜切小段備用。①

**2. 烹調料理**

- 起一油鍋，放入蝦仁翻炒，再倒入秋葵拌炒。②③
- 加入迷管辣椒 XO 醬、辣豆瓣醬、鹽調味，拌炒至蝦仁熟透後即可上桌。④⑤

③

④

⑤

【下飯下酒菜】

# 三杯蝦仁

## 扒飯、啤酒必備下酒菜

「三杯系列就是熱炒店必點的菜，記得準備白飯和啤酒，當然小孩就不要喝了！」適合一般的晚餐或是朋友在家聚會時煮的料理。今天的聚會主題就是熱炒之夜！

### 適用蝦種

· 泰國蝦仁、草蝦仁、白蝦仁

### 材料：（2 人份）

· 泰國蝦仁（約 20 ～ 30 隻）
· 薑 6 片
· 蒜頭 2 瓣
· 九層塔 1 大把
· 蝦油 2 匙
· 米酒 4 匙
· 醬油 2 匙
· 香油 1 匙

**料理步驟：**

**1. 準備材料**
- 冷凍泰國蝦仁先用流動水沖洗至每隻蝦仁分開，瀝乾水分。
- 薑洗淨切片；蒜頭洗淨去皮切片；九層塔洗淨瀝乾水分，備用。
- 蝦殼可以炸出蝦油，過濾備用。（詳細作法請見 P36）①②

**2. 烹調料理**
- 取一只鑄鐵平底鍋，倒入蝦油及薑片爆香。③④
- 接著，放入蒜片拌炒，觀察薑片的邊邊有捲曲狀時，放入蝦仁炒至半熟。⑤⑥
- 倒入米酒、醬油拌炒收汁。⑦⑧⑨
- 放入一大把九層塔拌炒後，加入香油拌勻增加風味即可起鍋。⑩⑪

大人小孩都愛的好滋味！家常蝦料理

【下飯下酒菜】

# 香煎白酒蝦仁

## 餐酒館小菜在家也能輕鬆上桌

　　某個週末晚上，一個認識 10 年
的工程師朋友傳來照片這道菜，說是
當天晚餐，還配上了一杯白酒，看著
最新一集的韓綜影片，生活就是可以
這樣的樸實無華。

影片示範

**適用蝦種**
・泰國蝦仁、草蝦仁、白蝦仁

## 材料：（2 人份）

・ 泰國蝦仁（約 20～30 隻）
・ 蒜頭 2 瓣
・ 奶油 30 克
・ 義大利香料 1 匙
・ 黑胡椒 1 小匙
・ 鹽 1 小匙

**料理步驟：**

## 1. 準備材料

- 冷凍泰國蝦仁先用流動水沖洗至每隻蝦仁分開，瀝乾水分。
- 將所有食材備好，蒜頭洗淨瀝乾、去皮切末備用。①

## 2. 烹調料理

- 取一只鑄鐵平底鍋，放入奶油融化後加入蒜末爆香。②
- 放入義大利香料炒香後，放入蝦仁及白酒翻炒。③④⑤⑥
- 炒至蝦仁九分熟，撒上黑胡椒、鹽調味。⑦⑧
- 關火後，再補一點白酒提味，即可起鍋。⑨⑩

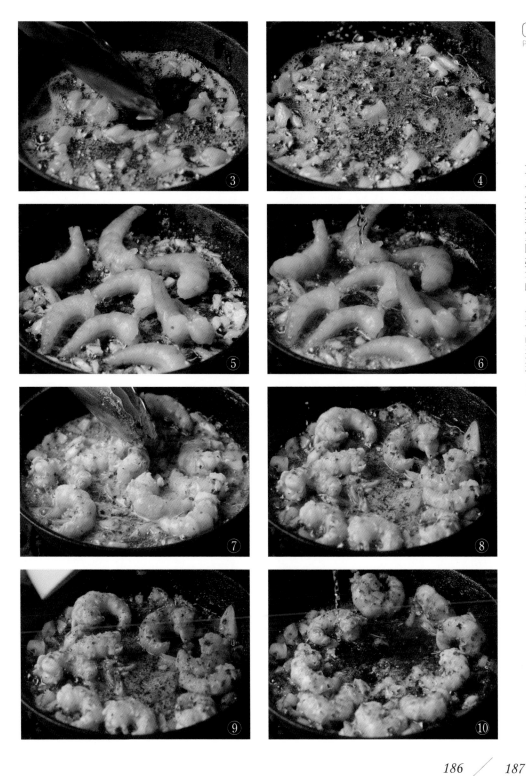

大人小孩都愛的好滋味！家常蝦料理 ■

【下飯下酒菜】

# 泰香打拋蝦

## 絕對秒殺，配飯配酒都好搭

還記得第一次去泰國學做菜的時候，學校會先帶你去買菜，認識泰國當地食材，再給你一條民俗風情的圍巾，打拋豬、冬陰功、涼拌木瓜絲、芒果糯米飯、泰式奶茶就是五大泰菜經典，掌握它們就堪稱掌握泰國！

### 適用蝦種

· 泰國蝦、草蝦、白蝦

### 材料：（2 人份）

· 泰國蝦（約 9 ～ 10 隻）
· 蒜頭 3 瓣
· 辣椒 1 支
· 九層塔／打拋葉 1 把
· 番茄糊 1 大匙
· 醬油 2 大匙
· 醬油膏 1 小匙
· 魚露 1 又 1/2 大匙
· 黑糖 1 大匙
· 檸檬 20ml

**料理步驟：**

**1. 準備材料**
- 冷凍泰國蝦先用流動水沖洗至每隻蝦分開，瀝乾水分。①
- 將所有食材備齊後，蒜頭洗淨瀝乾、去皮切末；辣椒洗淨切末九層塔洗淨瀝乾備用。②

**2. 烹調料理**
- 準備醬汁：取一量杯，依序倒入醬油、醬油膏、魚露及黑糖拌勻，備用。③
- 取一只不銹鋼炒鍋，放入食用油、蝦子和一點開水翻炒至蝦身轉紅。④
- 放入番茄糊、辣椒末和蒜末，持續拌炒均勻。⑤⑥
- 倒入九層塔和醬汁，開大火持續拌炒收汁。⑦⑧
- 關火，起鍋前倒入檸檬汁提升風味，即可盛盤。⑨⑩

【下飯下酒菜】

# 橙香薑酒炒泰蝦

## 用水果入菜滋味爽口

小時候回家的路上，總有 1 ～ 2 攤現榨柳橙汁、檸檬汁還有甘蔗汁的攤販，我們都會一次買很多罐回家冷凍囤貨，要用的時候退冰就可以了！這道菜比較像是檸檬蝦的延伸，但使用薑作為風味上的銜接（檸檬蝦是用蒜末）喜歡酸甜水果風味的朋友可以嘗試看看！

**適用蝦種**
· 泰國蝦、草蝦、白蝦

## 材料：（2 人份）

· 泰國蝦（約 9 ～ 10 隻）
· 薑末 30 克
· 現榨柳橙汁 80ml
· 糖 20 克
· 米酒 30ml
· 現榨檸檬汁 10ml

**料理步驟：**

**1. 準備材料**
- 冷凍泰國蝦先用流動水沖洗至每隻蝦分開，瀝乾水分。①
- 薑洗淨瀝乾切末，備用。
- 柳橙榨汁、檸檬榨汁備用。

**2. 烹調料理**
- 取一只不鏽鋼炒鍋，倒入食用油及蝦拌炒，蓋鍋稍燜煮蝦身轉紅。
  ②③
- 接著，倒入薑末、米酒拌炒均勻。④⑤
- 放入糖及檸檬汁拌炒至熟。⑥⑦
- 關火加入柳橙汁，利用餘溫拌炒即可。⑧
  （關火再加才能保留柳橙的清香）

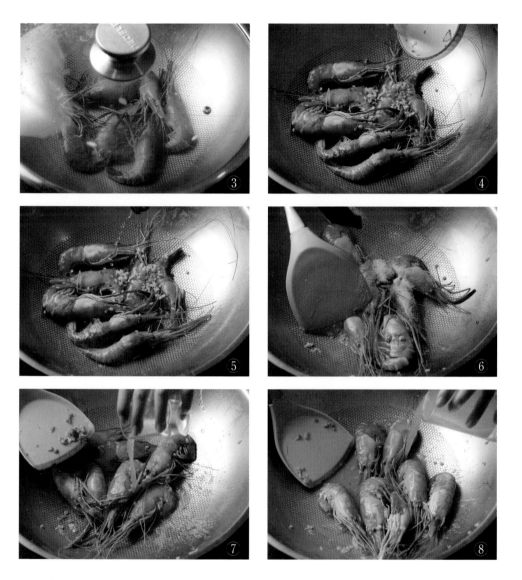

# 泰式酸辣香茅蝦

## 酸辣滋味，襯出海鮮甘甜

魚露、香茅都是泰菜的經典元素，他們就像滷肉飯的紅蔥頭和醬油一樣，吃一口就有泰式風情。強烈建議要放辣椒更下飯！

**適用蝦種**
· 泰國蝦仁、草蝦仁、白蝦仁

**材料：（2 人份）**
· 泰國蝦仁（約 20～30 隻）
· 蒜頭 6 瓣
· 紅辣椒 3 根
· 九層塔 1 把
· 香茅碎 1/2 匙
· 糖 1/4 茶匙
· 檸檬汁 2 匙
· 白醋、魚露各 1 匙
· 開水 2 大匙

**料理步驟：**

## 1. 準備材料

- 冷凍泰國蝦仁先用流動水沖洗至每隻蝦仁分開，瀝乾水分。
- 將所需食材準備好，蒜頭洗淨瀝乾、去皮切片；辣椒洗淨切末備、九層塔洗淨瀝乾用。①

## 2. 烹調料理

- 泰式酸辣醬汁：將檸檬汁、魚露、白醋及開水倒入量杯拌勻，備用。
- 將蝦仁兩面沾麵粉，並把多餘的粉抖掉。②
- 起一油鍋，放入蝦仁煎至蝦身轉紅，即可起鍋備用。③
- 另取一只炒鍋，倒入食用油、蒜片及香茅碎拌炒出香味。④⑤
- 倒入辣椒及炸好的蝦仁拌炒。⑥⑦
- 接著，放入糖及醬汁一起拌炒收汁。⑧⑨
- 最後放入九層塔爆香即可關火盛盤。⑩⑪

大人小孩都愛的好滋味！家常蝦料理 ■

【下飯下酒菜】

# 南洋咖哩大蝦

## 充滿風情的新加坡名菜

靈感來自於新加坡的經典菜色「咖哩螃蟹」，充滿香料風情的南洋咖哩（非日式咖哩）及椰奶的靈魂搭配，最後用蛋液收尾，建議可以來盤金黃色的炸饅頭佐餐，絕配！

### 適用蝦種

· 泰國蝦、草蝦、白蝦

### 材料：（2 人份）

· 泰國蝦（約 9 ～ 10 隻）
· 洋蔥 1 顆
· 蒜頭 3 瓣
· 青蔥、芹菜各 1 支
· 糖 1/4 匙
· 蠔油 1 匙
· 牛奶 150ml
· 泰式咖哩粉 15 克
· 雞蛋 3 個

**料理步驟：**

**1. 準備材料**
- 冷凍泰國蝦仁先用流動水沖洗至每隻蝦仁分開，瀝乾水分。
- 洋蔥洗淨去皮切小塊；蒜頭洗淨瀝乾、去皮切末。
- 青蔥、芹菜洗淨切小段，備用。

**2. 烹調料理**
- 準備一只鑄鐵平底鍋，放入食用油、洋蔥及蒜末爆香。①
- 放入蝦子拌炒至蝦身轉紅，倒入蠔油炒勻。②③④
- 倒入牛奶煮沸後，轉小火倒入咖哩粉。⑤⑥
- 待咖哩粉溶化拌勻後，倒入蛋液持續攪拌。⑦
- 使蛋液稍微凝結即可撒上蔥、芹菜稍拌炒起鍋。⑧

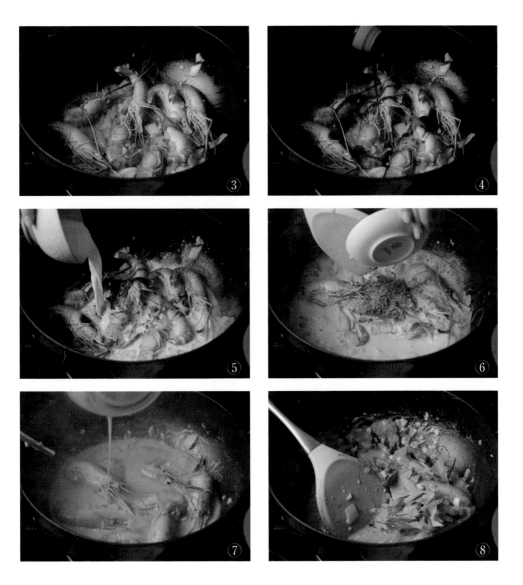

# PART 05

## 賣蝦人家的
## 老饕私房蝦料理！

# 金沙紅寶石（紅頭）

## 蝦中精華，滿口鮮香

　　秋天螃蟹季的時候，大家都會喜歡吃的一道菜就是「紅蟳米糕」，其中紅色的卵就是螃蟹的精華，蝦子也是有的喔！因為卵在頭部所以我們稱之為「紅頭」。吃起來會回甘，只有準備懷孕的母蝦才有，所以我把它稱之為紅寶石。金沙紅寶石也是段媽媽無意間發現的料理，記得準備三碗飯可以扒喔！

### 適用蝦種

・泰國紅頭母蝦

### 材料：（2 人份）

・泰國紅頭母蝦（約 20 ～ 30 隻）
・鹹蛋 3 顆
・蒜頭 2 瓣
・辣椒、青蔥各 1 支

**料理步驟：**

**1. 準備材料**
- 將冷凍泰國紅頭母蝦先用流動水沖洗至每隻蝦分開，瀝乾水分。
- 鹹鴨蛋去殼，將蛋黃、蛋白分開皆切成小丁，備用。
- 蒜頭洗淨瀝乾、去皮切末。辣椒、青蔥洗淨切末，備用。

**2. 烹調料理**
- 準備一鍋滾水，放入蝦子煮熟後，撈起備用。①
- 從蝦頭和蝦身連接處分開，從頭殼剝開看到的紅色蝦卵，慢慢剝出來，備用。②
- 在鍋中放油，將蒜末及鹹蛋黃放入爆香。③
- 邊炒邊壓碎蛋黃，炒至起泡。接著放入鹹蛋白炒香。④
- 接著，放入辣椒末、紅頭持續拌炒至熟。⑤⑥
- 起鍋前，放入蔥末拌炒增添風味即可。⑦

①

②

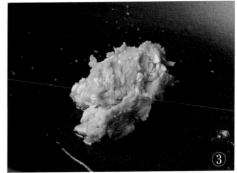

③

# 豆豉爆炒紅頭

## 泰國蝦限定！絕妙好滋味

豆豉是使用黃豆或是黑豆蒸透後的醃漬品，鹹香的豆豉更能牽引出紅頭的甘甜，速一口蝦頭覺得世界上怎麼會有這麼好吃的東西，你一定要試試看！

**適用蝦種**
· 泰國紅頭母蝦

**材料：（2 人份）**
· 泰國紅頭母蝦（約 10 ～ 15 隻）
· 蒜頭 3 瓣
· 薑末 1 匙
· 青蔥 1 支
· 乾豆豉 1 匙
· 米酒 2 匙
· 糖 1/2 匙

**料理步驟：**

**1. 準備材料**

- 選用有冷凍泰國紅頭母蝦，先用流動水沖洗至每隻蝦分開，瀝乾水分。
- 用刀子從蝦頭和蝦身連接處切開，取蝦頭備用。（蝦身若不吃要盡快冰回冷凍庫）
- 將所有食材備齊，蒜頭洗淨瀝乾、去皮切末。薑洗淨切末，青蔥洗淨切段，備用。①

**2. 烹調料理**

- 在鍋中放油，放入蝦頭煎香。②
- 接著，放入豆豉、蒜末及薑末拌炒。③④⑤
- 竄出香味後放入米酒及糖，持續拌炒至熟透後。⑥⑦
- 起鍋前放入蔥段拌炒增香即可。⑧

①

②

賣蝦人家的老饕私房蝦料理 ■

# 蝦仁燒

## 好吃又好玩，增近親子關係

逛夜市的時候誰能抵擋得住章魚燒的魅力？在家也可以自製蝦子燒，而且非常適合和小朋友一起來玩、倒醬汁、轉丸子，也適合三五好友聚會一起來製作，說不定不小心碰撞出事業的第二春喔！

影片示範

### 適用蝦種

· 泰國蝦仁、草蝦仁、白蝦仁

### 材料：（2 人份）

· 泰國蝦仁（約 20 ～ 30 隻）
· 高麗菜 1/2 顆
· 雞蛋 3 顆
· 低筋麵粉 200 克
· 高湯 600ml
· 食用油 1 大匙
· 章魚燒醬／大阪燒醬 2 大匙
· 美乃滋 2 大匙
· 柴魚片適量

**料理步驟：**

## 1. 準備材料

- 冷凍泰國蝦仁先用流動水沖洗至每隻蝦仁分開，瀝乾水分。
- 將所需的食材備齊。高麗菜洗淨瀝乾切碎，備用。①

## 2. 烹調料理

- 準備麵糊：準備一只大碗，依序放入蛋液、低筋麵粉、高湯、食用油拌勻。②③
- 準備一鍋滾水，將蝦仁燙熟後撈起，過冰水後剪小塊，備用。④
- 章魚燒烤盤燒熱後，在鐵盤上倒入食用油，均勻塗抹每個角落，避免麵糊沾黏。⑤⑥
- 先將麵糊倒入一半左右，放入蝦仁和高麗菜碎。⑦⑧
- 大約煎烤一分半鐘左右後，半熟的麵糊可以翻面，用筷子沿著烤盤凹槽邊緣刮起麵糊，較好處理。
- 外型整理到差不多後，麵糊不夠可以再加，再淋一些油可以讓表面更脆。⑨
- 使蝦子燒的表面呈金黃色後就可以起鍋。⑩
- 最後，淋上章魚燒醬汁，再依各人喜好，添上美乃滋、柴魚片後，即可享用。

①

②

# 彩虹海鮮烤蛋

## 食材豐富，營養滿分

某天一個業界的前輩到我的辦公室洽談商業合作，結束時剛好是接近晚餐時段，不如就吃個飯再走吧！彩虹海鮮烤蛋是一個可以快速把食材都丟進烤箱的速成料理，大人小孩都吃完讚不絕口喔。

影片示範

### 適用蝦種

· 泰國蝦仁、草蝦仁、白蝦仁

### 材料：（2 人份）

· 泰國蝦仁（約 20 ～ 30 隻）
· 軟絲 1 尾
· 牛番茄 1 顆
· 黃椒、青椒各 1/2 顆
· 蘑菇 8 ～ 10 顆
· 蒜頭 3 瓣
· 洋蔥 1/4 顆
· 九層塔 1 把
· 雞蛋 3 顆
· 牛奶 200ml
· 奶油 10 克
· 鹽、胡椒粉各 1 小匙

**料理步驟:**

**1. 準備材料**
- 冷凍泰國蝦仁先用流動水沖洗至每隻蝦仁分開,瀝乾水分。
- 軟絲洗淨後去膜,切成小圈。
- 牛番茄洗淨切片;黃椒和青椒洗淨瀝乾,去蒂去籽、切小塊備用。
- 蘑菇用廚房紙巾擦拭乾淨後對半切。
- 將所需食材備齊後,蒜頭、洋蔥洗淨去皮切末;九層塔洗淨瀝乾切小段。①

**2. 烹調料理**
- 準備蛋液:準備一只大碗,打入蛋液、倒入牛奶拌勻,備用。②③
- 準備一只平底鍋,放入奶油、洋蔥末及蒜末爆香。④⑤
- 放入蝦仁及軟絲圈炒至半熟。⑥⑦
- 加入蘑菇、黃椒、青椒及牛番茄及調味料均勻拌炒。⑧⑨
- 炒至全熟放入小鑄鐵鍋後,倒入蛋液。⑩⑪
- 放入預熱好的烤箱中,用 180 ～ 200 度烤 15 分鐘。出爐後,撒上九層塔點綴,即可上桌。⑫

# 焗烤海鮮盒子

## 一口就能吃到滿滿鮮味

某天我端著這道新嘗試的菜色給同事,「哇塞!這個料也太多了吧!吃半個就飽了」非常受到同事歡迎,很適合當早午餐!

影片示範

### 適用蝦種

· 泰國蝦仁、草蝦仁、白蝦仁

## 材料:（2 人份）

· 泰國蝦仁（約 20 ～ 30 隻）
· 透抽 1 尾
· 洋蔥 1/2 顆
· 玉米粒 2 大匙
· 厚片土司 2 片
· 牛奶 300ml
· 中筋麵粉 3 大匙
· 無鹽奶油 20 克
· 起司絲適量

## 料理步驟:

### 1. 準備材料

· 冷凍泰國蝦仁先用流動水沖洗至每隻蝦仁分開,瀝乾水分。
· 軟絲洗淨後去膜,切成小圈。
· 洋蔥洗淨去皮切末,備用。①

## 2. 烹調料理

- 製作白醬：準備一只炒鍋放入奶油，轉小火待奶油融化後加入麵粉，拌炒成團狀。接著，分次倒入牛奶比較容易拌勻，攪拌到牛奶都被麵糊吸收至順滑，備用。②③

- 另取一炒鍋放入奶油、洋蔥末、蝦仁、透抽、玉米，拌炒至食材變熟。④⑤⑥

- 關火再倒入剛做好的白醬與食材拌勻。⑦⑧

- 製作焗烤盒子：在厚片吐司內裡用湯匙壓出一個正方形凹洞，倒入餡料，撒上起司絲。⑨⑩⑪

- 放入預熱好的烤箱中，用 180 ～ 200 度烤 5 分鐘。待起司變金黃即可上桌。⑫

賣蝦人家的老饕私房蝦料理 ■

# 段氏蝦仁潤餅

## 加點鮮味潤餅秒升級

以前記憶中的潤餅，除了基本的高麗菜豆芽菜、紅燒肉、豆干，還能包什麼呢？來試試看我們家的潤餅豪華配備，加上香腸和烏魚子，再放上尒燙好的蝦仁，讓潤捲更香濃美味。

**適用蝦種**
- 泰國蝦仁、草蝦仁、白蝦仁

## 材料：（2 人份）
- 泰國蝦仁（約 20 ～ 30 隻）
- 紅蘿蔔、小黃瓜各 1 根
- 烏魚子 1 片
- 香腸 2 條
- 蛋 2 顆
- 潤餅皮 4 ～ 6 張
- 花粉生、糖粉各 1 大匙

**料理步驟：**

**1. 準備材料**
- 冷凍泰國蝦仁先用流動水沖洗至每隻蝦仁分開，瀝乾水分。
- 紅蘿蔔洗淨削皮切絲；小黃瓜洗淨瀝乾切絲，備用。①

**2. 烹調料理**
- 蝦仁放入滾水汆燙至熟，撈起過一下冰塊水，備用。②
- 烏魚子先不用剝膜，放入平底鍋稍煎一下後，倒入一大匙米酒兩面煎熟後，起鍋放涼後，切片備用。③
- 另起油鍋放入香腸煎熟，放涼切長條。紅蘿蔔絲炒熟。④
- 接著，將蛋液打勻，在同個平底鍋裡倒入一層蛋液，慢慢搖動平底鍋使蛋液均於鋪在鍋中，凝固後翻面熟透後起鍋，放涼切絲即可。
- 拿一個大盤放上一張潤餅皮，先在潤餅皮中間撒上花生糖粉。⑤
- 依序放上蛋絲、香腸條、烏魚子片。⑥⑦
- 接著放上紅蘿蔔絲、小黃瓜絲，最後放在蝦仁。⑧⑨
- 最後，把潤餅兩邊往內折，從下方往上捲起，即可食用。⑩⑪

賣蝦人家的老饕私房蝦料理 ■

# 酥炸軟殼蝦

## 外酥內軟吃出最單純的蝦味

　　除了酥炸軟殼蟹之外，軟殼蝦也是一個新選擇喔！沒想到堅硬的泰國蝦也有軟糯的一面，特別挑選軟殼泰國蝦，整隻下去炸後，配上蒜味美乃滋或是芥末美乃滋，一口爆肉汁！記得拿盤子接住！超級鮮美！一定要吃吃看！

### 適用蝦種

· 泰國軟殼蝦

### 材料：（2 人份）

· 泰國軟殼蝦（約 9 ～ 10 隻）
· 蒜頭 3 瓣
· 雞蛋 1 顆
· 低筋麵粉 80 克
· 開水 40 克
· 奶油 15 克
· 鹽 1 小匙
· 美乃滋 1 匙

蝦公主 Tips

**軟殼蝦怎麼挑？**
軟殼蝦一般會和硬殼蝦混在一起賣，可以請店家特別挑選。若是可以自己摸蝦頭，就挑選較軟的來烹煮。

**料理步驟：**

**1. 準備材料**
- 冷凍泰國軟殼蝦先用流動水沖洗至每隻蝦分開，瀝乾水分。
- 將所有食材備齊，蒜頭洗淨去皮切末，備用。①

**2. 烹調料理**
- 準備麵糊：準備一只大碗，依序放入蛋液、麵糊及開水拌勻。②③
- 將軟殼蝦一一放入碗中，均勻沾滿麵糊，備用。④
- 取一只不銹鋼炒鍋倒入大量食用油，當油溫高達 160℃～ 180℃時，放入蝦子油炸至熟，即可起鍋。（只要將筷子插進油鍋中央，筷子有大顆泡泡的狀態，表示油溫夠了）⑤⑥⑦
- 準備沾醬：拿一小碗依序放入奶油、蒜末、鹽及美乃滋拌勻即可。⑧⑨⑩⑪

④
⑤
⑥
⑦
⑧
⑨
⑩
⑪

# 養生藥膳鮮蝦鍋

## 湯頭溶入蝦膏，鮮甜又美味

有次認識了高雄知名夜市藥燉排骨的二代，我們一起煮了藥燉蝦湯，出乎意料的非常好喝，清甜的藥膳湯頭搭配蝦頭流出來的蝦膏，可以增加鮮度，讓這些湯又好喝更上一個層次，超好喝的，大家記得拿蝦子去煮「藥膳料理」系列！

### 適用蝦種

· 泰國蝦、草蝦、白蝦

### 材料：（2 人份）

· 泰國蝦 1 斤（約 9 ～ 10 隻）
· 綜合菇類 1 ～ 2 包
· 綜合火鍋料適量
· 高麗菜 1/2 顆
· 豬肉片 100 克
· 米酒 240ml
· 開水 1000 ml
· 藥膳包 1 包

**料理步驟：**

1. **準備材料**
   - 冷凍泰國蝦先用流動水沖洗至每隻蝦分開，瀝乾水分。
   - 將所有食材準備好後，高麗菜洗淨瀝乾，撕成小片。綜合菇類用廚房紙巾擦拭乾淨。①

2. **烹調料理**
   - 起一鍋滾水，放入米酒及中藥材，轉小火煮滾。②③
   - 另取一只砂鍋，依序放入高麗菜、菇類、火鍋料、肉類及蝦子等食材。
   - 待藥膳湯頭煮滾後，過濾藥材將湯汁倒入砂鍋中。④
   - 與食材持續繼續煮入味、煮熟即可上桌。⑤

①

②

③

④

⑤

## 後記

段泰國蝦是成立於 1998 年（民國 87 年）在高雄市鳳山地區陸軍官校圍牆邊的小路邊攤，那時正值泰國蝦從釣蝦場剛開始竄紅，因緣際會之下，我的父親有機會買到一台小蝦車，去到里港跟上游批發蝦子回來在路邊攤做販售。還記得那時候除了泰國蝦以外，段泰國蝦還賣過花柿（花蟹）和石蟳，但因為我的媽媽開始將泰國蝦做等級上分類，讓每個客人都能買到自己想到的大小或等級，開始作出市場區隔，因而段泰國蝦就開業到現在。

還記得父親開小蝦車，到處奔波的背影，現在該是我扛起企業的重擔，讓更多人知道。

段泰國蝦大多選用來自屏東里港的泰國蝦，透過配合 20 多年的蝦農來嚴選好蝦，從產地撈起後，就開始清洗、手工分級，每天歷經 5 小時的嚴選分類，除了在高雄有實體門市可以購買之外，也透過活蝦急速冷凍的方式，讓民眾也可以由產地到餐桌品嘗到新鮮肥美。

2015 年時，我大學畢業兩年，正準備等待去研究所就學，媽媽隨意問說是不是有機會可以在網路上販售泰國蝦？正好我在大學期間，有幫教授短暫經營過粉絲專頁一段時間，想說不然來試試看好了，一試就試了 8 年，一直到現在。

第二代遇到的困難與挑戰，首先面臨到的衝擊就是跟一代的磨合，還記得我大學時期（2010 年左右）奇摩拍賣女裝正流行，網購上的服飾大約都要等待 14～21 天，甚至等到 28 天都有可能，所以開始要寄貨給客人時，我也覺得慢慢來沒關係，越慢越有價值、越慢越覺得這個網拍商品的珍貴，不過媽媽當時回覆我說：「我不喜歡這樣！」瞬間我明白她的意思就是要我快速出貨，也因為有媽媽的堅持，「快速到貨」到現在都是段泰國蝦一直被客戶稱讚並引以為傲的服務關鍵。

再來需要面臨到數位轉型的發展及老員工的磨合。嚴格來說我就是個空降部隊，雖然我從基層開始學，但還是沒有比這些看著我長大的叔叔阿姨們要來得熟練，除了在學習上有速度的落差之外，在大家的眼中，我可能也是個喜歡「並東並西」出一張嘴的二代，所以要如何與這些前輩們溝通，並希望大家都可以來協助公司運作的更順利，除了我，還需要先搞定媽媽。過去在店面買賣蝦子是沒有確切的 POS 系統能夠記錄每一天的營收，但是這樣會造成庫存量統計人員的困難，所以我開始做數位化導入，導入的第一天就面臨到「這個字這麼小要怎麼用？」、「以前不用 Key 平板也可以賣蝦啊，現在用這些有夠麻煩！」等內心話的迸出，但在不斷的溝通協調並實作的練習之外，大家開始慢慢習慣數位化工具的使用，對於客戶在訂購商品也能夠更精準、更明確的知道我們可以提供怎樣的品項可消費者。

回家工作這幾年，也有機會到國外看看東南亞的泰國蝦（又稱淡水長臂大蝦）發現台灣的農林漁牧等產業相關的技術與產品成果不亞於國外，甚至更勝，所以我更希望有許多國外焦點可以放在台灣的養殖技術與成果，而段泰國蝦秉持著企業的願景「讓吃蝦只要享受」可以讓更多想吃蝦、愛吃蝦、喜歡料理下廚的客人受惠。除了泰國蝦之外，我們更能服務您的餐桌上的體驗，讓享受不單單只放在吃蝦，更能夠體現在餐桌上的生活儀式感，甚至是台灣之光的榮耀，接下來 5～10 年段泰國蝦會致力於立足台灣、放眼國際的展望。

**台灣廣廈** 國際出版集團
Taiwan Mansion International Group

國家圖書館出版品預行編目（CIP）資料

極鮮蝦料理圖鑑：內行人教你從挑蝦、煮蝦到吃蝦不踩雷，
10分鐘就上菜的48道私藏鮮味！/ 段宛菁(蝦公主)作. -- 初版.
-- 新北市：台灣廣廈, 2023.04
　面；　公分
ISBN 978-986-130-575-2
1.CST: 海鮮食譜　2.CST: 蝦

427.256　　　　　　　　　　　　　　　112001631

# 極鮮蝦料理圖鑑

**內行人教你從挑蝦、煮蝦到吃蝦不踩雷，10分鐘就上菜的48道私藏鮮味！**

| | |
|---|---|
| 作　　　者／段宛菁（蝦公主） | 編輯中心編輯長／張秀環・編輯／陳宜鈴 |
| 食 譜 攝 影／孫晨馥 | 封面設計／曾詩涵・內頁排版／菩薩蠻數位文化有限公司 |
| 人 像 攝 影／林庭毅Peter | 製版・印刷・裝訂／皇甫・秉成 |
| 插　　　畫／劉筱翎 | |

| | |
|---|---|
| 行企研發中心總監／陳冠蒨 | 線上學習中心總監／陳冠蒨 |
| 媒體公關組／陳柔彣 | 數位營運組／顏佑婷 |
| 綜合業務組／何欣穎 | 企製開發組／江季珊 |

發 行 人／江媛珍
法 律 顧 問／第一國際法律事務所 余淑杏律師・北辰著作權事務所 蕭雄淋律師
出　　　版／台灣廣廈
發　　　行／台灣廣廈有聲圖書有限公司
　　　　　　地址：新北市235中和區中山路二段359巷7號2樓
　　　　　　電話：（886）2-2225-5777・傳真：（886）2-2225-8052

代理印務・全球總經銷／知遠文化事業有限公司
　　　　　　地址：新北市222深坑區北深路三段155巷25號5樓
　　　　　　電話：（886）2-2664-8800・傳真：（886）2-2664-8801
郵 政 劃 撥／劃撥帳號：18836722
　　　　　　劃撥戶名：知遠文化事業有限公司（※單次購書金額未達1000元，請另付70元郵資。）

■出版日期：2023年04月
ISBN：978-986-130-575-2　　　　版權所有，未經同意不得重製、轉載、翻印。